"十三五"普通高等教育本科部委级规划教材

FUSHI CHUANTONG SHOUGONGYI

# 服饰传统手工艺

卢新燕 编著

U0241554

中国纺织出版社有限公司

# 内 容 提 要

本书为"十三五"普通高等教育本科部委级规划教材。由于传统服饰手工艺的逐渐衰落，保护和弘扬传统服饰手工艺是服装与服饰教育的职责和使命，而且传统服饰手工艺应该成为服装与服饰设计专业的必修课程。本书以刺绣工艺、手工印染工艺、编织工艺和拼布工艺这几种常用的传统服饰手工艺为代表，通过分析不同种类传统手工艺作品的特点、工艺流程、方法及技巧，深入了解和发现传统手工艺的表现形式与美感，探索怎样引导传统手工艺转化为现代服饰设计语言，将民族元素与时尚元素有机结合，拓宽传统服饰手工艺传承方式，让传统服饰手工艺以新的方式再生。

本书既可作为高等院校服装专业教材，也可作为手工艺爱好者参考用书。

## 图书在版编目（CIP）数据

服饰传统手工艺 / 卢新燕编著 . -- 北京：中国纺织出版社有限公司，2020.11

"十三五"普通高等教育本科部委级规划教材

ISBN 978-7-5180-8006-9

Ⅰ.①服… Ⅱ.①卢… Ⅲ.①服饰－手工艺－高等学校－教材 Ⅳ.① TS941.3

中国版本图书馆 CIP 数据核字（2020）第 200314 号

---

策划编辑：魏 萌　　特约编辑：施 琦
责任校对：王蕙莹　　责任印制：王艳丽

---

中国纺织出版社有限公司出版发行

地址：北京市朝阳区百子湾东里 A407 号楼　　邮政编码：100124

销售电话：010—67004422　　传真：010—87155801

http://www.c-textilep.com

中国纺织出版社天猫旗舰店

官方微博 http://weibo.com/2119887771

北京通天印刷有限责任公司印刷　各地新华书店经销

2020 年 11 月第 1 版第 1 次印刷

开本：787×1092　1/16　印张：9.5

字数：166 千字　定价：58.00 元

# 前言

　　《中国传统工艺振兴计划》由文化部、工业和信息化部、财政部制定，2017年3月12日经国务院发布，明确了未来几年我国振兴传统工艺的重要意义、总体要求、主要任务和保障措施。在其主要任务第四条中明确说明"加强传统工艺相关学科专业建设和理论、技术研究，支持具备条件的高校开设传统工艺的相关专业和课程，培养传统工艺专业技术人才和理论研究人才；支持具备条件的职业院校加强传统工艺专业建设，培养具有较好文化艺术素质的技术技能人才。"《中国传统工艺振兴计划》是落实党的十八届五中全会关于"构建中华优秀传统文化传承体系，加强文化遗产保护，振兴传统工艺"和《中华人民共和国国民经济和社会发展第十三个五年规划纲要》关于"制定实施中国传统工艺振兴计划"的要求。

　　传承中国传统工艺是教育工作者的责任和使命，作为服装与服饰设计专业的教师自然想到要开设传统服饰手工艺这门课程。从宏观上来讲，服装工艺不仅仅是机缝缝纫工艺，还包含装饰手工艺。国内目前开设的服装工艺课程主要有基础工艺、女装工艺、男装工艺，都是以工业裁片缝制工艺为主。传统服饰手工艺既可以作为一门基础工艺课程，也可以作为一门特色工艺课程，手工印染大多数服装专业学校都有开设。本书是将多种传统服饰手工艺综合起来作为一门课程开设，把具有代表性的刺绣工艺、编织工艺、印染工艺、手绘工艺、拼布工艺等综合在一门课程中，从传统手工艺的基本工艺流程和基本技法的掌握，到运用这些常用的技法结合现代设计，制作出具有时代气息的作品。在工业化社会中，传统手工艺发生蜕变是必然的客观规律，因此，要在继承传统工艺的基础上创新设计，赋予传统手工艺新的生命。

编者

2020年6月

# 教学内容与课时安排

| 章 / 课时 | 课程性质 / 课时 | 节 | 课程内容 |
|---|---|---|---|
| 第一章 /20 | | · | **刺绣工艺** |
| | | 一 | 刺绣工艺的历史溯源 |
| | | 二 | 传统刺绣工艺技法 |
| | | 三 | 不同材料的刺绣工艺 |
| 第二章 /20 | | · | **手工印染** |
| | | 一 | 手工印染概述 |
| | | 二 | 扎染工艺 |
| | | 三 | 蜡染工艺 |
| | 理论联系实践 /64 | 四 | 型版染工艺 |
| | | 五 | 手绘工艺 |
| 第三章 /12 | | · | **编结工艺** |
| | | 一 | 编结工艺概述 |
| | | 二 | 编结工艺技法 |
| | | 三 | 编结工艺应用 |
| 第四章 /12 | | · | **拼布工艺** |
| | | 一 | 拼布工艺概述 |
| | | 二 | 拼布制作工艺 |
| | | 三 | 拼布图案与色彩 |

**注** 各院校可根据自身的教学特点和教学计划对课程时数进行调整。

# 目录

# 第一章　刺绣工艺

刺绣，古称针绣，俗称"绣花"，是用绣针引彩线按设计的花纹在纺织品上刺绣运针，以绣线针迹构成花纹图案的一种工艺，刺绣是中国传统服饰工艺中最具代表性的工艺之一。中国刺绣工艺有着悠久的历史，关于刺绣的记载有"舜令禹刺五彩绣"，说明尧舜禹的时代已经在衣服上刺绣花纹了，春秋战国时期刺绣技艺达到成熟阶段，汉代开设官办绣坊，明代刺绣分为南北两大派系，南绣细腻，北绣粗犷，清代在此基础上形成苏绣、粤绣、蜀绣、湘绣四大名绣，刺绣工艺在历史长河中不断传承和创新。

# 第一节　刺绣工艺的历史溯源

## 一、中国历代刺绣

中国刺绣可以追溯到春秋以前，《尚书》记载，周代的章服制度就规定了"衣画而裳绣"，在陕西宝鸡的西周墓出土过一件染过色的丝绸残片，采用的是辫子绣针法；魏晋南北朝时期，据记载梁武帝时曾有五色绣裙，裙上有以红线串的珍珠为装饰，类似现在的串珠绣工艺。

春秋战国时期，刺绣纹样主要以几何图案为基础，题材以动物和植物纹样相结合，有明确的几何布局，灵活穿插变化，一般会用墨或朱砂来进行绘图，然后进行刺绣，针法以辫子股绣为主，也称锁绣，再间以平绣。湖北江陵马山砖瓦厂一号战国楚墓出土的文物中有辫子股绣出的对凤、对龙、飞凤纹、龙凤虎纹禅衣等，标志着刺绣工艺已进入到成熟阶段。

汉代的经济繁荣，百业兴盛，刺绣工艺得到了更大的发展。最具代表性的是湖南长沙马王堆汉墓出土的刺绣碎片，当时刺绣工艺的针法继承了战国时期的辫子股绣，以直针绣和接针绣为辅，配色丰富，整个构图层次丰富多变。

唐代，社会经济的繁荣促进了纺织业不断变化和创新，刺绣技艺突破了之前辫子股绣单一的技法，开始采用平绣、打点绣、纭裥绣以及直纹针、掺针、扎针、戗针、盘金等多种针法。纭裥绣又称退晕绣，它可以绣制出具有深浅变化的不同色阶，同时，由于佛教的盛行，此时的刺绣除了作为服饰用品外，刺绣工艺也用于一些宗教用品。

宋代手工刺绣工艺开创了纯审美的艺术刺绣，除了实用性的刺绣外，还创作了具有欣赏性的刺绣，致力于绣画，是绘画与丝绣的结合，书画风格直接影响到刺绣的风格，用丝线追求绘画效果。刺绣作品创造出很多新的技法，如网绣、铺绒、平金、打子绣、钉线等，宋代刺绣风格写实生动，但又不失装饰性效果。

元代刺绣继承了宋代的风格，元代在全国各地设立绣局。元代刺绣大量用于绣制佛像、经卷、幡幢、僧帽等，金线刺绣也是元代刺绣的特色，另外还有加贴绸料并加以缀绣的贴绫绣。山东元代李裕庵墓出土的刺绣是在一条裙带上绣出梅花，花瓣是采用加贴绸料并加以缀绣的做法，富有立体感。

明代的刺绣有南绣、北绣两大派系。南绣的写实性比较突出，以上海顾家所创作的顾绣作为代表，追求写实、生动精巧，并灵活地运用借色和补色等染织顺序进行颜色搭配，赋予刺绣一种更为自然的生活气息。与南绣相比，北绣注重装饰性，北绣系有京绣和鲁绣。明代后期有透绣、发绣、纸绣、贴绒绣、戳纱绣、平金绣等各种素材出现，刺绣的技法增加了更多的种类。

清代刺绣工艺也得到了进一步发展，清代的刺绣主要供给朝廷和对外商品交换。刺绣在民间也是广泛流行，民间的刺绣带有更为朴实的乡土气息。清代后期地方性绣派开始崭露头角并逐渐兴起，有"四大名绣"苏绣、粤绣、蜀绣、湘绣，还有京绣、鲁绣等，各大绣派均树立自我特色，形成争奇斗艳的局面。

## 二、国外刺绣

刺绣工艺遍及全世界，不同国家、民族、地域都有着悠久的历史。各个国家的刺绣风格和方式各不相同，都具有各自的独特之处，同时也反映出了各地区的文化和艺术水平。

1. 美洲　早期美洲妇女的特色服装是围裙，节假日或盛大场合所穿着的围裙以丝、毛或薄纱为质，图案方面通常是在棉毛底上以绒线绣出玫瑰、忍冬、风信子等花卉以象征丰收和吉祥，在针法方面常用缎纹线迹、绳状线迹、珊瑚线迹等。在美国，刺绣是美国印第安人的主要传统手工艺，有棉线刺绣、绒绣、珠绣、羽毛管刺绣、发绣、补花等。

美洲的刺绣最具特色是印第安人的羽管、羽毛绣制图案。羽毛管刺绣是北部印第安人最古老的刺绣，羽毛管刺绣一般选择白色，也就选择天然彩色羽毛管，刺绣前羽毛管处理，首先剪除羽绒和羽毛管的尖端后，留长3~5厘米，放在水里浸泡直到软化，然后打磨使之光滑，然后羽毛管相互套叠相连，通过绣线绣在面料上，羽毛管一般是绣在桦树皮、兽皮、粗棉布上。羽管绣作品一般是包袋、女裙、手套、刀鞘装饰上。

南方平原地区的印第安人刺绣主要是珠绣，在珠绣材料中有贝壳珠、骨珠、珊瑚珠、绿松石、果核、豆粒等，印第安人珠绣在1880~1900年期间盛行，珠绣品种有服装、腰带、包袋、鞋、烟斗袋、护腿等，珠绣流苏也曾风行一时。

美国东北部的印第安刺绣工艺以桦树皮补花最为著名，它是将桦树皮染色后，用刀切割成花卉、动物图案，然后缝合并绣制在面料上。

2. **欧洲** 欧洲刺绣也有悠久的历史，古代希腊、罗马帝国有著名的金银线绣、绒绣，中世纪时，主教、神父们穿着的宽大的金银线绣无袖长袍，大多是由男性的修道士们绣制的。意大利西西里岛巴勒莫皇家刺绣工场以生产金银线绣长袍而闻名，专供国王在加冕典礼时穿用。身穿带有刺绣细节的衣装是身份和地位的象征，用金银丝线打造的刺绣被大量的用于宫廷服饰和宗教服饰中，以示尊贵和华丽。欧洲匠人们善于运用不同的刺绣材料，珍珠、打磨后的贝壳、宝石、金属，绣线不拘泥于材质，真丝、亚麻、棉、毛甚至金属都被丰富地运用到刺绣之中。

意大利，威尼斯城抽纱刺绣工艺也独具特色，抽纱刺绣是用细纱编结或用亚麻布或棉布等材料，根据图案设计将花纹部分的经线或纬线抽去，然后加以连缀，形成透空的装饰花纹，一般用于台布、窗帘、盘垫、手帕、椅靠和服饰等日用品。20世纪初，欧洲传教士带来了欧洲的刺绣编结工艺，1894年英国传教士马梦兰在烟台设立教会手工学校，传授抽纱技艺，将欧洲刺绣称为"抽纱"。它是刺绣的一种，亦称"花边"。

3. **亚洲** 早在3世纪时，古波斯人就在麻布上用链式线迹绣飞禽走兽和树木；13世纪，马可·波罗提到该地妇女擅长光彩闪烁的金绣；1393年蒙古人的入侵和丝绸古道的重新开通，给伊朗刺绣注入了新的活力，浓郁的中国风格也曾随之西渐；16世纪形成阿德贝尔这一著名刺绣中心，其编织地毯的盛名至今闻名遐迩；17世纪，伊朗流行的几何形刺绣图案影响着欧洲，改变了欧洲一贯以动物纹为绣纹的主题。

日本刺绣汲取来自中国的技术后，结合其独特的审美意识及优雅形成了日本风格，诞生出多样的装饰纹样。如天象、花鸟、唐草等皆成为装饰的题材，刺绣的色彩源自丰富的丝线，染色的丝线曾有上千色之多，现代染色技法有万色变化。

印度刺绣种类繁多，包括赤坎（Chikan）、甘塔（Kantha）、水烟（Shisheh）、戈塔（Gota work）、卡素体（Kasuti）、扎多兹（Zardozi）等多种刺绣方式，从其传统服饰中即可看到工艺精良的刺绣，衣服上绣上传统图案，装饰钉珠亮片，以表达对神灵的敬畏。

4. **非洲** 非洲刺绣多运用到服用面料上，绣花工艺种类包括盘片绣、盘丝绣、水溶绣、镂空绣、盘带绣、贴花绣、平绣、烫钻绣等。盘片绣，是将亮片作为主要装饰材质绣到面料上；盘丝绣，是将丝线盘绕刺绣成连续的图案；水溶绣，是将在水溶纸上绣好的图案过水后，能形成一种特殊的三维空间效果；镂空绣，是最常见的虚实结合的绣花工艺；贴花绣，是把立体的绣花单体再绣到与之相呼应的底料上面，其凸显的立体感和可触感是十分强烈的。

## 三、我国地方特色刺绣

我国至今仍保留着不同地域丰富多彩的刺绣传统，各地刺绣形成了不同的风格，按地域刺绣工艺特色进行划分，主要有中国东部江苏省的"苏绣"、中部湖南省的"湘绣"、西部四川省的"蜀绣"、南部广东省的"粤绣",称为四大名绣。

1. **苏绣** 苏绣是苏州地区刺绣产品的总称。苏绣的历史悠久,建于五代北宋时期的苏州瑞光塔和虎丘塔都曾出土过苏绣经袱,在针法上已能运用平抢铺针和施针,这是目前发现最早的苏绣实物。清代苏绣更是盛况空前,苏州被称为"绣市"而扬名四海,苏绣具有图案秀丽、构思巧妙、绣工细致、针法活泼、色彩清雅的独特风格。苏绣后来吸收了上海"顾绣"以及西洋画的特点,创造出光线明暗强烈、富有立体感的风格。

(1)苏绣针法:苏绣注重运针变化,针法运用很多,如齐针、正抢、反抢、迭抢、平套、散套、集套、施针、接针、滚针、切针、辫子股、盘金、打子、鸡毛针、编针、网绣、水纹针、挑花、松针、戳纱、乱针等;辅助针法有:扎针、铺针、施毛针、旋毛针、刻鳞针等;变体绣针法有:迭绣、穿珠、帘绣、钉绣、贴绫、虚实针等。苏绣装饰类包含单面绣和双面绣两类。所谓单面绣,就是在一块苏绣底料上,绣出单面图像,可以是花草、人物、动物、写真之类;双面绣是在同一块底料上,绣出正反两面图像,轮廓完全一样,图案同样精美,如今的双面绣已发展为双面异色、异形、异针的"三异绣"。

苏绣还有一种"盘金绣",其绣法以金线盘绕、丝线横向钉固,因此亦称为"钉绣"。主要用于龙袍、官服、礼服、旗袍,戏装上龙凤、山水、花卉以及其他装饰图案的绣制,作品金碧辉煌、雍容华贵。

(2)苏绣艺术特点:苏绣的技艺特色,大致可用"平(绣面平伏)、齐(针脚整齐)、细(绣线纤细)、密(排丝紧密)、和(色彩调和)、顺(丝缕畅顺)、光(色泽光艳)、匀(皮头均匀)"八字来概括。

2. **粤绣** 粤绣是以广东省潮州市和广州市为生产中心的手工丝线刺绣的总称,是广东地区的代表性刺绣,是中国四大名绣之一。粤绣在明朝中后期形成其特色,一是用线多样,除丝线、绒线外,也用孔雀毛捻缕作线,或用马尾缠绒作线;二是用色明快,对比强烈,讲求华丽效果;三是多用金线作刺绣花纹的轮廓线;四是装饰花纹繁缛丰满。粤绣品种丰富,欣赏品有条屏、座屏、屏风等;日用品的品种很多,主要有服装、鞋、帽、头巾、被面、枕套、靠垫、披巾、门帘、台布、床罩等;宗教用品大多为神袍以及寺庙内的装饰品。

(1)粤绣针法:粤绣包括"潮绣"和"广绣"两大流派,其针法也因其流派的不同而不尽相同。潮绣有绒绣、钉金绣、金绒混合绣、线绣等品种,其中尤以加衬浮垫的钉金绣最著名,花纹呈浮雕效果,多用于绣制戏衣和舞台铺陈用品及寺院铺陈用品。钉金绣运用垫、绣、贴、拼、缀等技术处理,产生浮雕式的艺术效果。广绣的针法包括直扭针、捆咬针、续插针、辅助针、编绣、绕绣、变体绣等以及广州钉金绣中的平绣、织锦绣、绕绣、凸绣、贴花绣等多种针法。

(2)粤绣艺术特点:粤绣除采用丰富而多变的针法外,善于把寓意吉祥和美好的愿望融入绣品中，粤绣题材广泛，其中以龙、凤、牡丹、百鸟朝凤、南国佳果（如荔枝）、孔雀、鹦鹉、博古（仿古器皿）等传统题材为主，还善于汲取绘画和民间剪纸等多种艺术形式的长处，使绣品的构图饱满，繁而不乱，针步均匀，光亮平整，纹理清晰分明，物像形神兼备，充分地体现了粤绣的地方风格和艺术特色。

3. **蜀绣** 蜀绣为中国四大名绣之一，主要指以成都为中心的代表性刺绣，蜀绣对西南地区的刺绣技术有着重要影响。关于蜀绣最早的记载见于《蜀都赋》，西汉文学家扬雄用"挥锦布绣"来描绘芳华辉映、光彩流布的蜀国景象。晋代史学家常璩所著《华阳国志》中将锦、绣与金、银、珠、玉同列并称为"蜀中之宝"。蜀绣绣品按照其功能性分为装饰画绣与实用绣品，这种格局在宋代就基本形成，高档装饰品以画绣为主，但民间蜀绣仍是以具有实用性的日用品为主。

（1）蜀绣针法：蜀绣以软缎、彩丝为主要原料，代表性的针法有晕针、掺针、滚针、截针、沙针、盖针等，蜀绣中晕针技法是蜀绣最具有特色的创造，蜀绣针法共计一百多种。晕针，是一种有规律的长短针，全三针是长短不等的三针，二二针是两长两短的针，二三针是两长三短的针。各种针脚都密接相挨着，每排的长短不等，但针脚相连，交错形成水波纹；掺针，每一层的针脚一样长，针与针之间紧密靠着，另一层接在头一层的针脚上，运针从内向外；滚针，是长短针，一针靠一针地滚，适用于绣蜀葵、芙蓉花叶的叶脉，以及树藤、松针、烟云、人物衣褶等；扣针，一层一个色，层与层间分界有一绊线，头一层须盖上次层的外线，在头一层针脚上搭头。

（2）蜀绣艺术特点：蜀绣纹样的内容题材表达了蜀绣的主题与内涵，近代蜀绣的题材仍然以民间寓意吉祥、喜庆的事物为基本内容，大多为花鸟、走兽、虫鱼、山水、人物等，如龙寓意权威尊贵、凤寓意美丽盛繁、鹿寓意禄位、高贵等，蝴蝶、佛手柑在蜀绣作品当中运用极其广泛，人物故事类题材在蜀绣中的广泛运用也体现出了蜀绣的地方特色，常见将川剧戏曲人物及故事情节运用在被面、门帘、花轿上，很直接地表现出人们欢乐愉悦的氛围。

4. **湘绣** 湘绣与苏绣、蜀绣、粤绣齐名，为中国四大名绣之一。湘绣擅长以丝绒线绣花，绣品绒面的花型具有真实感，曾有"绣花能生香，绣鸟能听声，绣虎能奔跑，绣人能传神"的美誉。湘绣历史悠久，是在湖南民间自绣自用的基础上，受"顾绣"的启发和影响，随着刺绣技艺的精进，湘绣盛行，逐渐不再沿用"顾绣"之名，而"湘绣"这一名称也就是在这个时候开始见称于世的。湘绣迅速发展，博采众长，自成风格，自立体系。

（1）湘绣针法：湘绣是依靠针线的刻画来表现物象神态的艺术品，常用针法有齐针。齐针是湘绣的基本针法之一，乱针绣、打子绣、施针绣、戳纱也是传统针法之一，用以绣制人物的服饰，装饰性很强。湘绣又分为单面绣和双面绣，单面绣就是只展现一张绣面，运用精湛的针法与色彩丰富的色线相结合，绣片经过平烫；双面绣是指正反两面相同的绣面。

（2）湘绣艺术特点：湘绣具有极其悠久而深厚的湖湘地域文化特色，题材广泛、风格多样，经过百余年的传承和发展，已经有了一整套的工具及材料。其工具分别是各种规格的绣绷、绣架、压条、绞竹、绣花剪、绣花针等，绣品丰富多彩，以中国画为创作蓝本，"以针代笔、以线润色"，是绘画艺术与刺绣艺术的高度完美结合。

## 第二节　传统刺绣工艺技法

### 一、刺绣工具与材料

1. **刺绣工具**　刺绣工艺需要将绣布绷平整，然后在绷好的绣布上绘出或拓印出图案，选择好绣线，根据图案的特征设计好针法，开始刺绣工艺。刺绣工具主要包括绣绷、绣针、绣线、线剪、绘画笔等。

（1）绣绷：也称花绷，是用来固定布料，使其平整的工具。刺绣的绣绷分为卷绷和手绷。卷绷由于可以伸缩，所以适合较大面积的刺绣作品，一般适合专业刺绣，工厂加工生产；手绷是套合在一起的内外两个圆形圈（材质有塑料的、木质的）或矩形的框，通过螺丝拧紧固定绣布，便于绘制纹样和上下穿线，但绣布也不宜太紧，否则取下来会变形，手绷时以圆形绣绷较为常用。使用绣绷进行刺绣更省力，绣品亦平整（图1-1、图1-2）。

（2）剪刀（布剪、线剪、纸剪）：刺绣用剪刀分为布剪、线剪、纸剪。布剪就是我们常用的缝纫剪布剪刀，通常专用于剪布，不能剪纸，否则会使刀刃不再锋利。线剪较短小，剪线比较方便，用来剪线和线头（图1-3 ~ 图1-5）。纸剪就是常用的普通剪刀。

（3）绣针（刺绣针、十字绣针、丝带绣针、手缝针）：绣针的选择决定刺绣的效果，细针配细线，绣出细腻的效果，适合一些薄软的面料；粗针则搭配粗线和厚实的绣布。绣针包装上都会有标识及使用方法，绣线刺绣用7号针，号码数字越大针越长（图1-6）；丝带绣用针孔较大的针，十字绣针与丝带绣针可通用（适用于棉麻布料），还可以根据丝

图1-1　不同型号的塑料绣绷

图1-2　不同型号的木质绣绷

带的宽度选针，以能穿入丝带为宜；手缝针较为常见，家庭日常生活中常用。还有一种戳花针（图1-7），通过引线器穿针，是俄罗斯刺绣手工老式简易空心绣花针。

（4）布用复写纸、硫酸纸和拷贝笔：刺绣图案通过复写纸复印到画布上，布用复写纸方便将图案复印至布料上；拷贝笔靠压力将纸上的颜色拓印到布上，绣完绣品后，用水浸泡即可去除印痕。布用复写纸、硫酸纸以及拷贝笔如图1-8所示。

图1-3　布剪

图1-4　线剪

图1-5　纸剪

图1-6　绣花针

图1-7　戳花针

图1-8　拷贝笔、硫酸纸、复写纸

图1-9　记号笔

图1-10　珠针

（5）记号笔（水溶笔、气消笔、消失笔、铅笔、铁笔）：记号笔也是用来画图案的（图1-9），用水溶笔、气消笔等绘完图案后，图案绘制痕迹通过水洗或在空气中挥发消失。水溶笔遇水后即会消失；气消笔则会随着时间在空气中消失；用于画图案的铅笔不容易擦去痕迹，一般只轻轻绘出图案的痕迹；铁笔两端都呈圆锥形状，用来在复写纸上拷贝图案。

（6）珠针：珠针在绣品完成前后进行缝合时起到固定作用，是刺绣辅助针的一种，防止绣布滑位，也可以用于假缝（图1-10）。

（7）量尺：量尺就是用来测量物品尺寸大小的一种量测工具，卷尺、直尺都可以用。

2. **刺绣材料**　刺绣的载体有很多种材料，其材质、种类非常多，可以挑选适合自己主题风格的材料去进行刺绣，进而更完整地展示出作品。以下介绍几种常用的材料。

（1）面料：一般是丝绸、绢、绫、罗、麻、尼龙、纯棉等作为绣品底料。由于纺织面料品种繁多，刺绣会根据所绣品种而定底料，如纳纱绣、十字绣，必须挑选经纬纹路清晰的面料；双面绣选择正反面纹理一致的透明面料。种类不同的底布，对用线、针工和图案都各有要求。面料一般分为三类：植物纤维布，如棉、麻纤维；动物纤维有羊毛、真丝等；化纤纤维还有再生纤维等。

（2）绣线：绣线种类繁多，有纯棉细绣线、纯棉粗绣线、合股线、麻线、真丝线、机绣线、毛线、金银线、化纤线等，其中以纯棉绣线为主流绣线，用途也最为广泛，如图1-11所示为棉线。丝线是蚕茧抽丝合捻而成的，一股丝线可劈成多股细丝，如绣鸟羽时，线细如毛；同时也可合捻多股丝线为一粗线，根据图案的需要来确定线的粗细，图1-12所示为丝线。

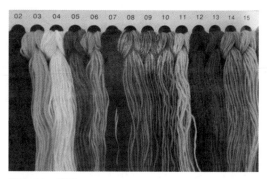

图1-11　棉线　　　　　　　　　　　　　图1-12　丝线

（3）刺绣的其他装饰物：刺绣的其他装饰物主要是不同于刺绣主体的视觉效果，一般选择具有立体效果的装饰物，如各种绣珠、珍珠、玛瑙、珊瑚、木珠、琉璃等，根据图案的要求绣缀在刺绣的图案上。

## 二、刺绣工艺流程

1. **画稿与选稿**　绣稿的来源大体有两种：一种是专为刺绣而设计的画稿；另一种是选自名家的作品，包括国画、油画、照片等。但对于设计师来说，最好是自己设计图案再刺绣制作，绣稿设计要适当考虑图案与刺绣工艺的结合，以适合刺绣工艺用针线表现画面、表现图形的特点。

2. **选线配色**　主要根据画稿画面所表现的颜色效果选线配色，也可根据具体情况酌情调配改动。如果画稿中色阶过于接近，可采用归纳法，适当给予概括归纳；如果找不到适合颜色的线，可以自己染色（参见第二章中讲到的印染工艺制作）。

3. **绣前准备** 上稿前，先要审查拟用的画稿，根据画稿的内容和题材考虑绣线、针法，以及采用哪种质地的底料，所需的底料、丝线、绣针、绷框等全部备齐后，将作为底料的面料绷在绷框上，大型的刺绣作品需要上大绷架，分区域逐次完成。

4. **描画稿** 一般用硫酸纸拷贝好的图案通过布用复写纸拓印在绣布上，薄面料也可把画稿托在"绣底"下面，用有色笔将"绣底"下面的画稿描出轮廓，以备刺绣时进行分区。总之是将画稿画在绣布上，方法有多种。

5. **刺绣** 根据画面的色彩选择线色的搭配，并依据画面物象的不同形态、神态、动态等要求，运用各种针法进行刺绣。用线根据针法需要和画面特点而劈丝破捻，刺绣时左右手要很好地相互配合，上刺入下刺出要按照一定规律顺序进行，线的排列要整齐，不能乱了顺序或抛起。绣制要做到短、平、匀、齐、密、洁、亮。

6. **成品整理** 绣件在完成之后，可以用熨斗熨平，以使其光滑服帖，精品则不需熨，如果是装饰用品可加框装裱。

## 三、刺绣工艺针法

刺绣针法多种多样，历史上针法的演变由西周的锁绣开始，到汉朝和南北朝的锁绣、平针，唐代的锁针、接针、盘金、缠针、抢针、钉线、打子绣，五代时期增加了网绣，宋代针法更为多样，有套针、刻鳞针、扎针、旋针、长短针、网绣等。

我们现在把针法分为基础针法和装饰针法。基础针法又分为线形绣针法、链形绣针法、点形绣针法、锁针法，装饰针法有编绣针法、叶形绣、轮形绣等。

### 1. 线形绣针法

（1）直针：直针是用单针直线形单一的刺绣针法，也是基础针法，可先标出相同的线段点，做上标记，背面打结，从背面向正面出针，正面向背面落针，可按照不同方向有秩序、有规律地刺绣，如图1-13所示为绣直针小花形，也可以叠加、错层，使用粗线或多股线时直线感觉将更为突出。

（2）横平针：横平针也是刺绣的基础针法（图1-14），依纹样横断方向运针，是适合距离较短的打底针法。直线长度不能过长，过长会出现蓬松凌乱的感觉，一般是绣底

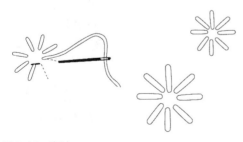

图1-13 直针

图1-14 横平针

纹和一些小面积刺绣的常用针法。横平针可延伸为斜平针和长短针。

（3）斜平针：斜平针也是直线针法，是依纹样斜断方向运针，一般斜度为45°（图1-15），或左或右，具有动感，也是绣背景、铺面常用的针法。

（4）绗针：绗针又称拱针，是刺绣和缝纫的最基本针法，在刺绣中常用作填补空间用。其运针极简单，向前横挑作绣，绣面露出的针脚间隔要相等匀称，绗针呈点状线型的特征，通常作为装饰线迹（图1-16）。

（5）套针：套针是平绣常用的针法。这种针法线条排列灵活，可以长短针套绣，也可以错位等长针套绣，通过不同的色彩相互套绣起到融合色彩的作用，特别是邻近色系的镶色、接色都很和谐、转折自如。在仿绣绘画作品中应用很多，现代苏州双面绣多用此种针法绣成。套针又分为单套针、双套针。

单套针：又叫平套针、插针和长短勾。针脚较长，一般在1/2处接针，背景色、花卉套色、天空色等刺绣多用此法（图1-17）。

双套针：针脚比单套针套绣得较深，层次较密，遇转折处针脚短些，易于融合色彩，仿绣实物最为适用（图1-18）。

（6）十字针：传统刺绣针法之一，又称为挑花、十字交叉（图1-19），一个正十字交叉一个斜向十字构成一个米字，可作为底纹也可单独用，双十字绣就构成了米字绣（图1-20）。

（7）霍尔贝恩针：是来回两次绗针绣，先绣第一次绗针针迹，然后按图示用另一根线在已绣过的针迹空档再进行一次绗针刺绣，这时要注意第二次绗针的出针位置正好是第一次绗针的入针孔，要绣得均匀一致才能整齐漂亮，两次绗针绣迹可以均等，也可以有变化。一般多用于花纹的轮廓线，有时也用其他颜色的线来变化格调，十字绣扣边时也用这种针迹（图1-21）。

（8）纳针：刺绣及服饰手针基础针法，是用几行绗针针迹排列起来的刺绣法，但是表面针脚较长，上一行与下一行的针脚要交错开，一般在填充面积时使用此针迹，具有点状装饰效果（图1-22）。

（9）双三角针：双三角针采用羽毛针针法，按照如图1-23所示的号码顺序进行，从1出针，在2至3横挑。再从1的针孔进针4向5横穿针挑起布来，反复进行，形成三角形交叉针法。双三角针相互套针具有链状装饰效果，一般可作为边饰带状装饰（图1-23）。

（10）人字针：人字针是类似于"人"字造型而得名，也是刺绣基础针法，针向左横挑，按照如图1-24所示的号码顺序依次从左向右上下交错进行形状像汉字"人"字的绣制，也称其为锯齿针迹，常用于绣宽线形花样或边饰，也可以连接作为底纹。

（11）绕线人字针：绕线人字针是人字针的变化针法，先绣人字针针迹，然后用另一根线绕在人字针脚上，可以选择不同质感、不同色彩的绳线作为装饰，在线形花样中

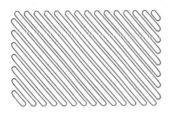

图1-15　斜平针

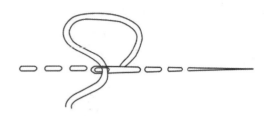

图1-16　绗针

图1-17　单套针

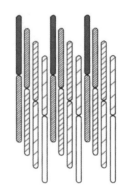

图1-18　双套针

图1-19　十字针

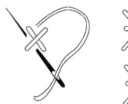

图1-20　双十字针

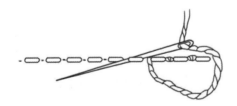

图1-21　霍尔贝恩针

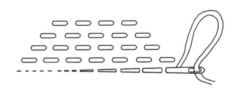

图1-22　纳针

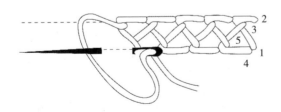

图1-23　双三角针

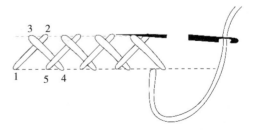

图1-24　人字针

可作为边缘装饰使用（图1-25）。

（12）松针：松针因为形状像松树的松毛，所以得名为"松针"。松针刺绣是拱放射线状运针，丝线布列如半扇形或轮状，外缘落针在一圆周里，但收针都在同一针孔内（图1-26），可作为散点式的纹样装饰，也可以作为其他刺绣纹样的单位纹。

### 2. 链形绣针法

（1）滚针：滚针多用于表现弹性线条，其表面效果如同一条股线，又有曲针、棍针、咬针、柳绣牵针等名。绣成的线纹不露针眼，后一针均起于前一针的三分之一处。针眼藏在前一个针脚的下面，衔接自然。线条粗细匀称，常用来刺绣植物枝条和叶脉、图案纹饰的卷边及坚挺的线条（图1-27）。

（2）穿绗针：穿绗针在绣过的绗针针迹中，再上下交错地穿绕，有时可用其他颜色的绣线穿绕，形成直线与曲线交错的视觉效果。穿绗针针法直线、曲线也可以使用不同颜色作为装饰（图1-28）。

（3）绕绗针：绕绗针针迹类似于穿绗针，不同的是绗缝直线后另一根线穿过第一根直线绕缝，看上去好像把线捻起来一样，一般在线形花纹和叶脉等方面多使用此针法，也是线绣勾边方法之一（图1-29）。

（4）锁边绣：锁边绣又称锁针，常用锁扣眼或边缘装饰固定（图1-30）。打结锁边（图1-31）通过打结连续成花边，形成半链状效果，同时也是毛边处理的方法。

（5）链缝针：链缝针有两种（图1-32），一种是使用粗线时，从左至右按倒回针法进行，但挑出针后要把线劈开（即从线中间通过），然后拔针拉线；另一种是在同一根针上穿引两根不同颜色的线，倒回针时从两线之间穿过。链

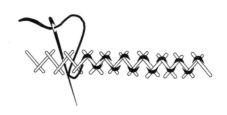

图1-25 绕线人字针

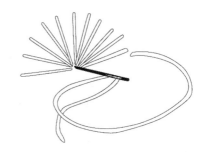

图1-26 松针

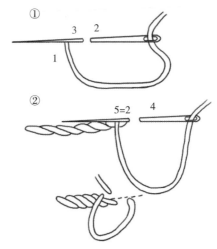

图1-27 滚针

图1-28 穿绗针

缝针也可以作为大面积刺绣的基础针法。

（6）锁针绣：锁针绣又称为套花、锁花、扣花、拉花、套锁、连环针，是由绣线圈套组成，因绣纹效果似一锁链而得名。运针方法简单，是古老的针法之一，锁绣绣纹装饰性强，边缘清晰富有立体感，可以作为大面积底纹绣，成品耐洗耐磨，实用性强（图1-33）。

（7）开口式锁针绣：开口式锁针绣是锁针绣的变化针法，环套变宽，形成宽链，拉线要松缓，环套要均匀，一般在原有底纹上刺绣，露出不同的底纹起到对比效果（图1-34）。

（8）链针绣：链针绣也称为变形线绣，如图1-35所示，在图中1处出针，把线绕在针上，在2和3处穿针挑布，反复成带结式链状，也是线形装饰针法的一种。

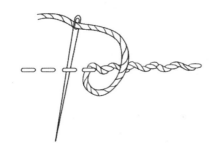

图1-29 绕纫针

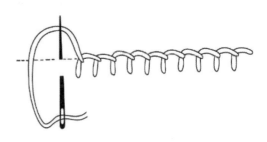

图1-30 锁边绣针法

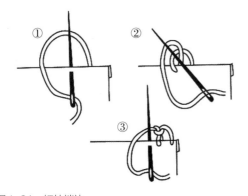

图1-31 打结锁边

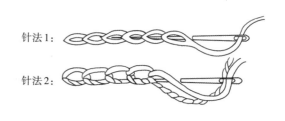

图1-32 链缝针

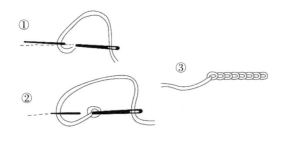

图1-33 锁针绣

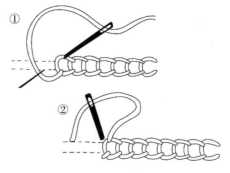

图1-34 开口式锁针绣

（9）麦穗绣：麦穗绣线迹像是锁针绣的变化，形状像麦穗，故得名，按图1-36①中的1、2、3、4的顺序绣成八字，然后从5出线，从6进去，连续成为麦穗形，可以独立也可以组合，是线形绣的一种针法。

（10）双回针：双回针是由上下回针构成，按图1-37①中的1处出针，按照数字的顺序刺绣。绣2、3时将线从上侧套针，刺绣图②中的4、5时将线从下侧套针，图③是按上述方法往复交错进行的。双回针的特点是上下回针1/2处起针错位刺绣，统一中不失变化，常常在表现粗大线条的格调时使用此针，起到装饰线绣作用。

（11）流苏针：类似流苏动感而得名，方法同双回针，是双回针的演变。下回针放松线至流苏形状，流苏长短可以自行设计，适合粗线和圆形花，装饰效果强（图1-38）。

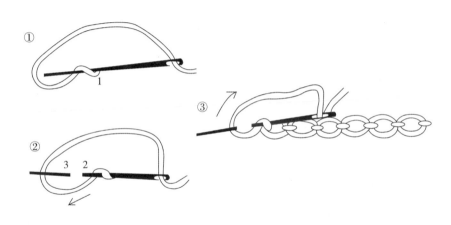

图1-35 链针绣

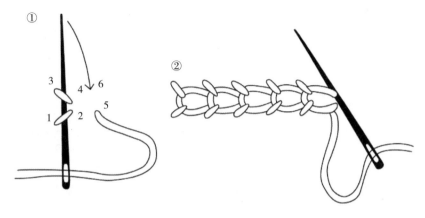

图1-36 麦穗绣

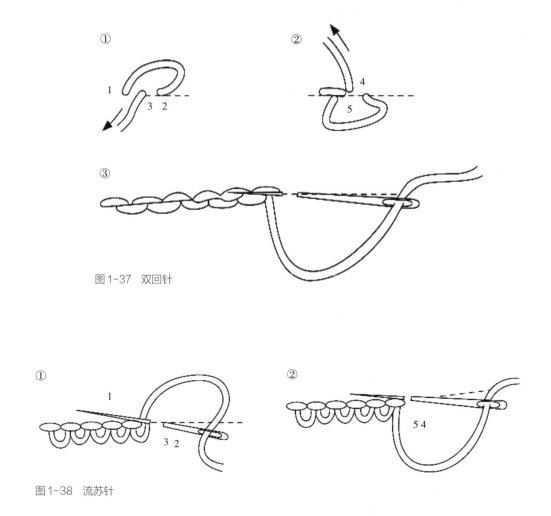

图1-37 双回针

图1-38 流苏针

（12）羽毛针：羽毛针的针法如图1-39所示，先从以针脚宽度三分之一为基准的1处出针，将线绕过并从2至3处穿针，拉出线来，然后再将线绕向下侧，从4至5处穿针并拉出线来。这样连续交错，匀称地绣下去便成羽毛状。此针法柔和，适用于儿童服装装饰。

双羽针，以羽毛针为基本方法，如图1-40所示，从1处出针按羽毛针要领斜上方连绣三次，再从第三套针开始向下连续两次，然后又向上两次，反复即成。

三羽针，采用羽毛针和双羽针的方法，向上和向下连续三次，形成明显的锯齿形（图1-41）。

（13）双套针：双套针是在羽毛针针法上演变过来的，如图1-42所示，以套针的方式按号码顺序进行，在中心线上的3和5处出针，针脚间隙要靠紧，中间呈交叉线，适用于一些装饰针叶形刺绣，粗线条的刺绣效果较明显。

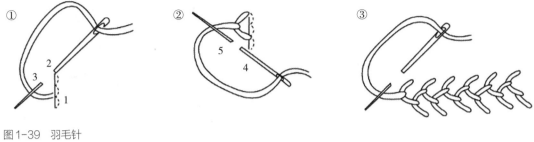

图1-39 羽毛针

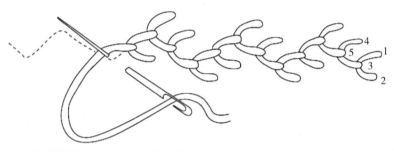

图1-40 双羽针

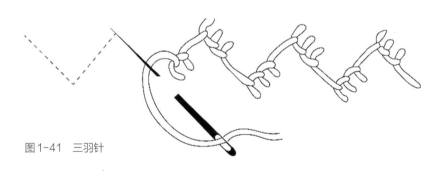

图1-41 三羽针

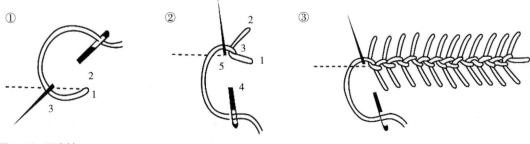

图1-42 双套针

### 3．点形绣针法

（1）打子绣：打子即打籽，又称为结子或环绣，也称打疙瘩。这种针法简单易做且实用性高，绣纹立体感强又极富有光彩。颗粒结构变化多样，宜大宜小，组织方便灵活，在刺绣技法上非常重要。在民间多用来绣花蕊，在一些日用绣品或绣品易磨损部位，使用更为普遍，如荷包、坐垫等。

如图1-43所示，从图①中的1处出线，用手指夹住引出的线，然后按图②所示在针上绕两三圈，再如图③所示在靠近1旁边的2处下针，将绕在针上的线按箭头方向拉紧，从背后缓缓拔出针来。

（2）德式线结绣：德式线结绣如图1-44所示，从图①中的1处出线，在2、3处穿针，然后如图②那样拉出针来，再将线按图③绕过去，并从1至2的线套下面穿过。再按图

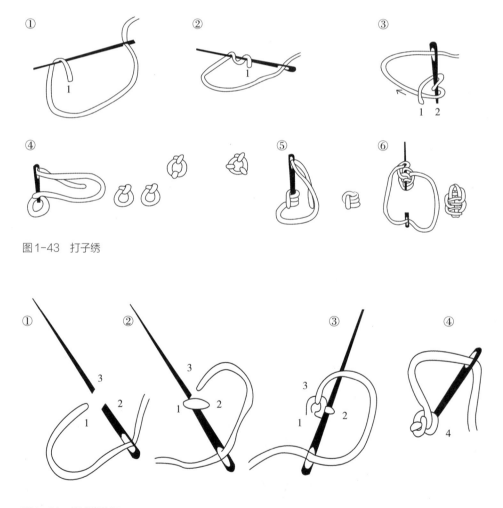

图1-43　打子绣

图1-44　德式线结绣

④在4处进针，从后面拉线时不要太紧。用这种针法绣出的点要比打子绣点结大，多用来绣花蕊，另外有三四个点子也可作小花使用，一般作为点的装饰或者是以点绣为基本元素构成面绣。

（3）穿珠绣：穿珠绣采用德式线结连续刺绣，如图1-45所示，从图①的1处出针，在以图案辅助线为中轴的2、3处穿针，拉出线后再从1至2的针脚（线套）下穿过（如图②③所示）。如图④那样反复进行穿绕，针脚间隔尽量紧凑，拉线不可过紧。穿珠绣也是点绣连接成线绣的主要针法。

（4）小点绣：小点绣用回针针法，不同于绗缝，针脚大小也要伴随线的粗细而增大或缩小，在布面上呈现间隔点。用线要略粗才能突出点绣，拉线时以稍稍松缓为好（图1-46）。

（5）半环针：半环针是锁绣的变形形式，运针如同锁绣，只是起落针脚距离较宽，可独立使用，也可相互套绣成各种装饰纹样或用作结边，也有称套绣针或Y形绣的。无数Y形的连续则成为几何形花纹，具有网眼的效果，也是底纹针法的一种（图1-47）。

（6）竹节针绣：竹节针绣因类似竹节而得名，隔段打结，从设计好的图案辅助线位上出针，由左至右把线绕在针上，拉出针即成线结，一般分为直线结和折线结（图1-48）。

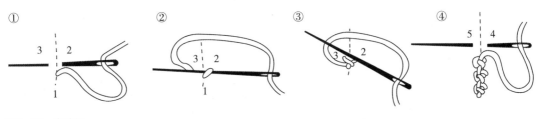

图1-45 穿珠绣

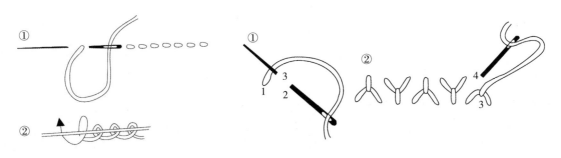

图1-46 小点绣　　　　　　图1-47 半环针

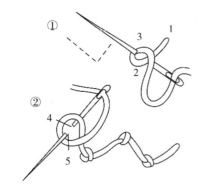

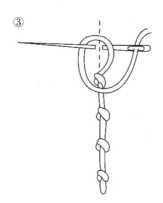

图1-48　竹节针绣

### 4. 编绣针法

（1）编绣：编绣主要是相互交错编织的效果，如图1-49中①先从1处出针，然后在2处进针，从3处出针，再按4、5、6、7的顺序刺绣，形成图②所示的交叉编织状。因为重叠交错具有立体效果，在表现叶子、花瓣的立体形态时，使用此针法较为形象。

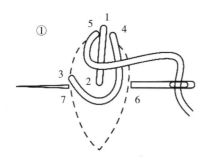

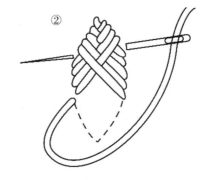

图1-49　编绣

（2）鱼鲱头绣法：鱼鲱头绣法与编绣类似，像鱼头呈三角形，绣制出如西鲱鱼头正三角形的针法。其绣法是右下方穿出的线从顶端穿入，留下一个小套。再绣入右下方，然后从左下方线的内侧穿出，与前一根线平行，横向左上部，留一个套，穿入右下方线的内侧（图1-50）。

图1-50　鱼鲱头绣法

（3）蛛网针：蛛网针类似蜘蛛网的结构，所以称为蛛网针。在彩线刺绣中通过圆形编织的方式形成，其方法是在以放射状搭起的线上从中心开始将另外一根线以旋涡状引入（图1-51），这是一种立体感很强的刺绣方法。

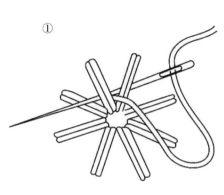

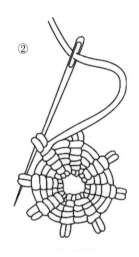

图1-51 蛛网针

**5. 装饰绣针法**

（1）贴线绣：贴线绣先将粗线贴伏在图案上，然后用细线按等分间隔将粗线绕缝固定在布面上。变换细线绕缝的针脚，可呈现不同的表现效果（图1-52）。此方法又名连环绣，一般在轮廓线、宽幅绣和面积绣时多使用此针法。

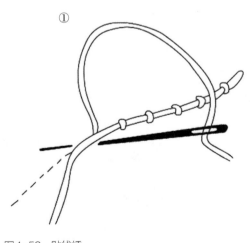
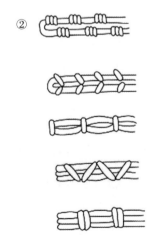

图1-52 贴线绣

（2）凤尾草针：凤尾草针形状像凤尾草，是由直线和斜线组成，先按回针针法绣好直线，然后按回针脚的位置左右上斜线相切，形成条状花纹，是刺绣叶子较常用的针法，具有装饰效果（图1-53）。

（3）盘肠绣：盘肠绣又称拉锁子、锁丝绣。先用回针针法绣成直线，然后用另一根线从回针针脚中穿绕成盘肠状，上面如波，下面交错如链，穿绕时要松缓一致（图1-54），作为装饰带状刺绣常用针法，上下具有游离动感。

（4）穿环绣：穿环绣是在回针针迹的基础上，用另外的线上下交错，绕成波浪状。再从另一边如法穿绕，将原波浪的空档补齐，组合成连环状（图1-55）。穿绕的线可使用异色线，此法可使线形刺绣的格调产生变化性效果。

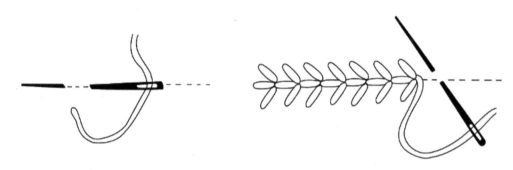

图1-53　凤尾草针

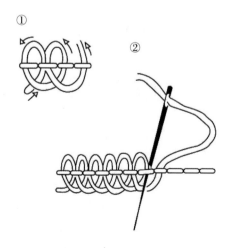

图1-54　盘肠绣

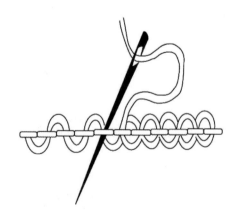

图1-55　穿环绣

（5）盘曲针：盘曲针是盘肠绣的变形，用作回针针迹的线较细，在刺绣过程中还需借助一根粗线式小圆棒辅助。如同用棒针缠毛线那样，绕一环、钉一针，边钉边撤，盘绣成纹样。还可随意控制深浅层次的变化，用以绣花卉。盘曲针有独特的立体效果，装饰性极强（图1-56）。

（6）单环针：锁绣环套单独使用时称为单环针，也称鸟眼针，单独使用环套两脚呈"叉"形针。这种方法的组合图案适用于小花和叶片（图1-57）。

（7）蝴蝶针：蝴蝶针采用两个相同的半环背向组合而成蝴蝶形，往复排列构成网状装饰，适合块面的装饰（图1-58）。

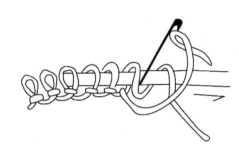

图1-56 盘曲针

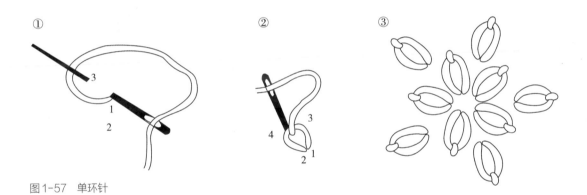

图1-57 单环针

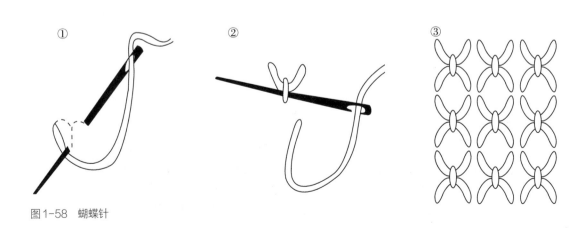

图1-58 蝴蝶针

（8）长链花针：长链花针是将套环绣的收线加长，使连接各套环的线成为锯齿形。这种针迹本身具有独立线形的性质，是可用于边线上的装饰针法（图1-59）。

（9）拧花绣：拧花绣是有螺旋效果的刺绣针法，如图1-60所示，在图①的1处出针，将1的线从左绕在针上，拉向箭头方向。如图②所示拔针，之后在前端的4处结住。绣小花、叶子及填补宽阔的花形时使用此法，具有曲线动感装饰风格。

（10）叶形针：叶形针是模仿叶子的形状选择不同针法组合，以半环绣针法为基本形，是有间隙而紧凑地连续排列而成，针脚由小到大，适用于绣叶子、花瓣及宽线条图案（图1-61）。

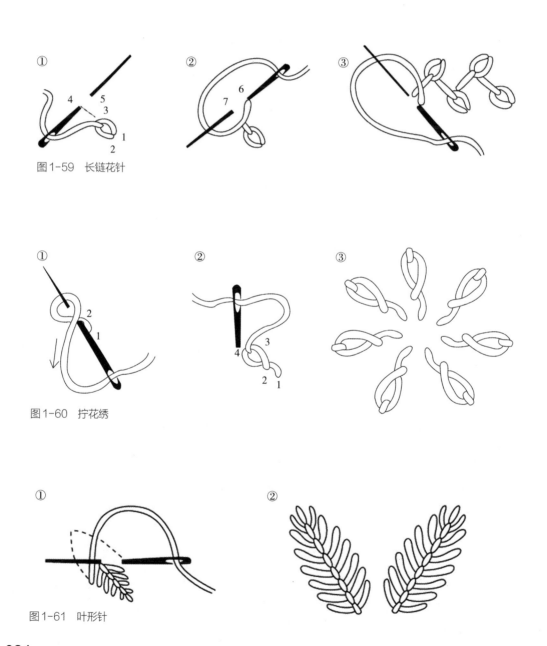

图1-59　长链花针

图1-60　拧花绣

图1-61　叶形针

（11）轮形绣：轮形绣在扣锁绣的基础上再变形。以一点为中心向周围做等距、等分轮形锁绣。线要掌握得匀称，最后一针要从开针处向中心穿过，然后在中心进针结止（图1-62）。此针法适用于小花朵和大花芯。

（12）叠鳞针：叠鳞针采用长直针和短直针套绣，以扇面为基本形，类似鱼鳞，绣成的鳞片里面深、边缘浅，色彩可以选择渐变色或对比色形成弧形相接的装饰效果（图1-63）。

（13）席纹绣：席纹绣类似于手工挑织纬线的一种刺绣方法。有些地区称为"挑绣"或"铺绣"。刺绣时先用合线或生丝线铺上经线，再用劈绒线作纬，挑织起花，类似席纹，故称席纹绣（图1-64），适合底纹的刺绣表现，如家用纺织品杯垫、抱枕等。

每种刺绣针法具备各自的艺术特色，我们在刺绣准备工作之前要预先设计好图案使用的针法，在设计稿上标明针法的代号，也可以自己给不同针法排列序号，如打底铺面的针法、带状边饰的针法、点状针法、编织针法、链状针法等，重点掌握各种针法的工艺以及针法的特征。

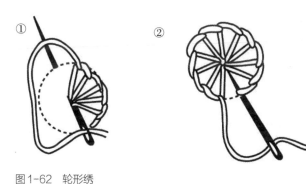

图1-62　轮形绣

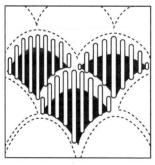

图1-63　叠鳞针

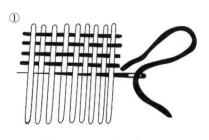
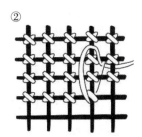
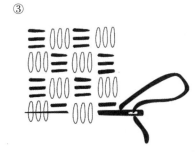

图1-64　席纹绣

## 第三节　不同材料的刺绣工艺

不同材料的刺绣有着不同的视觉效果，不同材料的质感，通过刺绣针法的表达构成别具一格的装饰效果。例如，以毛线为材料的毛线绣，丝带、绳带为材料的绳绣、丝带绣，亮片、串珠为材料的串珠亮片绣，不同材质适合不同的装饰。毛线绣和绳带绣由于线条较粗适合厚重装饰，如壁挂装饰；丝线绣和亮片串珠绣适合精致服饰、绘画作品的刺绣。我们课程的练习时间短，一般是通过毛线绣和绳带绣练习达到熟练刺绣的各种针法，以装饰壁挂、家纺产品设计为载体练习刺绣针法，同时也拓宽了刺绣的传承方式。

### 一、毛线绣工艺

毛线绣由于毛线可以多股并绣，体积感和视觉效果不同于我国传统丝线刺绣，毛线绣流行于欧洲，可细腻也可粗犷。一般在经纬纱线比较稀疏的布料上，经纬纱线清晰，便于确定图案的边缘位置，类似九宫格的原理，如刺绣挂毯一般选择较粗的麻布，绣品可用作壁挂、靠垫、椅垫等。由于毛线本身没有反光，具有毛绒感，绣品色彩丰富、层次清晰、风格独特，针法适合所有的刺绣针法，是练习刺绣针法的很好材料，毛线刺绣装饰壁挂是练习刺绣针法常用的表现形式。

1. **毛线绣的工艺流程**　毛线绣的工艺流程：设计图案稿→打印色彩稿→绘制到刺绣底部上→开始刺绣（图1-65）。毛线绣可以通过羊毛线的不同粗细和质感，练习刺绣的针法。毛线绣具有两个优点：第一，毛线绣线粗容易出效果，速度快，针法练习容

图1-65　设计纹样、上色、刺绣

易辨别特征；第二，毛线绣染色方便，适用于装饰壁挂、针织服装包袋设计等，作品很容易出效果，能提高学生学习的兴趣和积极性。毛线不同于丝线，线较粗，为了容易穿过底布，一般会选择经纬较稀疏的麻质面料，如果制作刺绣壁挂，会选择麻袋布作为底布，多股毛线都可以穿过。

毛线绣的具体工艺流程如下：

步骤一：清洗底布，熨烫平。使用有色笔打格子的方法将原稿放大在麻布底子上（图1-66），或用复写纸复写出来。

步骤二：制作绣框。根据图的大小做一个方形的木框，然后把麻布钉在木框的四边上用图钉绷紧底布，为使刺绣平整。

步骤三：染色配线。根据原稿画面色彩，按照色调、色相、色差的区别染出所需颜色的绒线，也可以直接购买有色毛线。毛线成分不限，染色毛线要求是棉麻、羊毛天然纤维。

步骤四：绣制。一般先绣出轮廓，也可以按色彩块面来绣制，最后进行细部刻画，毛线绣要求线绣过程中松紧一致，过紧绣布拆下来后会收缩，过松不平整。

步骤五：装裱。将绣品从绣框上取下，从背面熨烫粘衬挂烫，以避免熨烫到毛线绒面（图1-67）。

图1-66 麻布片上用有色笔绘出纹样

图1-67 毛线绣作品

**2. 不同题材图案对应不同针法的毛线绣作品**

（1）自然风景图案：自然风景刺绣要根据风景色彩及特征进行图案块面的分析，并选择适合的针法表现，如图1-68所示，通过锁针绣链状排列，多种针法结合表现门的结构装饰、花朵的立体感，点、线、面结合，追求装饰效果。图1-69通过套针不同色彩相互掺进绣出背景天空色彩和流水的渐变色。屋顶选用卷针方法构成规整秩序的肌理感，卷针方法是通过细圆针作为辅助工具，将线绕过针体固定下来，绣完图案后剪开线圈成绒状。树木花朵采用打子绣、锁针绣等技法表现。如果要取得一些植绒效果，可以先用圈针的方法刺绣（图1-70），绣完后再剪开这些线圈即形成植绒效果，适合大面积底色绣。

图1-68　立体装饰效果风景刺绣

图1-69　自然风景图案刺绣

图1-70　圈针及剪开的毛绒效果

①叶子刺绣针法：叶子刺绣有很多不同针法，但基本都是基础针法，如横平针、斜平针、直针、叶形针、编绣等。平针绣的特点是平整，适合做不同的色彩层次；叶形针、编绣有针法的变化，体积感较强。平针针法顺着叶子的自然走向，通过不同的色彩突出叶子的变化。叶子有大片叶、小片叶和针叶，大片叶如荷叶（图1-71），单套针、双套针、横

图1-71　乱针绣的荷叶表现技法

针都可以绣出荷叶的基本形状，锁针或回针勾边、乱针绣荷叶的肌理效果，根据叶子的特征选择适合的针法；小片叶一般从叶子中间的叶茎顺着叶子的形状向左右两边以斜针针法刺绣（图1-72）。

②花朵刺绣针法：花朵刺绣是围绕花朵的造型和特征，一种以色彩为主，注重掺针的层次色彩变化的常用针法，花型不同选择的针法也不一样（图1-73～图1-75）。还有

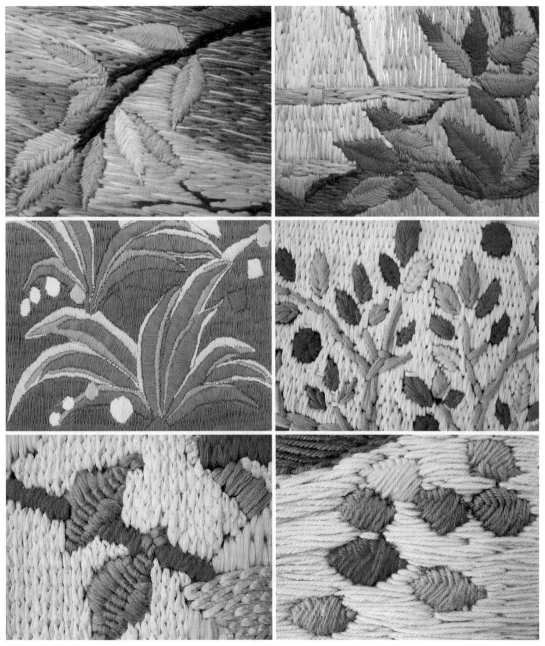

图1-72　叶子各种绣法

来回盘绕针法，这个方法可以用来做一些花篮、密实的花朵，叶形花瓣运用叶形针绣也较为普遍，基于对花型和特征的把握，技法上可以综合运用。花朵刺绣不仅仅是从刺绣的针法上研究不同花卉形状适合不同的针法，从色彩上还有渐变或对比的刺绣效果；配色方面，色线如果买不到合适的，可以自己染色，一般棉线和丝线都可以通过直接染料染色（图1-76、图1-77）。

图1-73　各种花朵刺绣针法

图1-74 花卉刺绣

图1-75 装饰花卉刺绣针法

图1-76 花卉刺绣技法1　　　　　　图1-77 花卉刺绣技法2

（2）动物纹样刺绣：动物刺绣首先要分析动物特征，如鸟类的羽毛刺绣，根据羽毛生长的方向和色彩分析，一般采用套针渐变不同羽毛的层次较适合；以熊猫为例的毛绒动物采用圈针针法绣完以后再剪开线圈，便形成绒状如图1-78所示。在刺绣中针法要短和密，多股开司米或多股细毛线刺绣剪开线圈才能达到绒状，另外还要按动物的毛向确定线圈的方向，如图1-78中大熊猫线圈剪开后比较自然，小熊猫头部刺绣方向转折较多，剪开后就留有痕迹。图1-78中龙鳞的表现就是采用了小块面线条塑造；老鹰肚子的羽毛采用了不同色彩毛线的长短套针，翅膀分区结合回针勾线形成羽毛的质感。

图1-78　不同种动物的刺绣表现技法

（3）人物纹样刺绣：人物刺绣和风景刺绣在针法上有很大区别，风景中不同物不同景会选择不同的针法表现。人物主要分人体面部、发型及服装饰品，人体面部选择小而均匀的短针法，如十字针法、圈针法，如图1-79、图1-80所示为圈针法，图1-81所示为人物面部选择十字针法、背景选择圈针法，短针重复表现整齐富有秩序感。人物刺绣要求统一中有变化，一种表现方式是针法统一，色彩中求层次和变化；一种是针法多变，色彩求统一。图1-79所示为面部针法选择圈针法，通过色彩表现人物的立体效果，花卉针法的衬托增加了画面的对比及动感；图1-80所示的脸谱刺绣采用统一的小卷针技法，做到绣面均匀，卷针法的优点是紧密、统一，所有图案都适用，缺点是费时；图1-82所示的人物采用圈针，背景采用多种针法，相互映衬。

图1-79　人物面部刺绣

图1-80　脸谱刺绣

图1-81　人物刺绣

图1-82　人物刺绣技法

（4）器物装饰图案：器物装饰图案根据器物的形状，器物不同部位的装饰图案，分析线、面、体适合的针法。线条装饰适合用回针、锁针、滚针、链针技法，底面可选择短套针如图1-83、图1-84所示。在大幅刺绣作品中要有主要针法和辅助针法，针法多

图1-83　装饰花瓶图案刺绣

图1-84　瓷器装饰纹样刺绣作品

了会显得凌乱不够有秩序。细节可根据图案线条或块面选择针法，如锁针勾边、回针勾线等，编绣、辫绣突出体积如图1-85、图1-86所示。

图1-85 陶罐纹刺绣 　　　　　　　　　　图1-86 瓷器纹刺绣

  **3. 综合技法结合** 手绘与刺绣结合，手绘颜料有纺织品颜料、油画颜料、丙烯颜料等，用于服装等穿戴物品的选用纺织品颜料，可以达到细腻的绘画效果而且不褪色，与刺绣效果相得益彰、互相对比、互相衬托；用于装饰壁挂作品的，可以不考虑穿戴，不考虑绘画颜料的特性，只考虑画面的视觉效果，采用油画和丙烯颜料较多，绘画部分较多选择背景或者大的肌理感块面。如图1-87所示采用了多种技法，背景是油画绘出的肌理效果，主体叶子纹样采用不同针法，有垫棉绣、毛线绣，不同种针法构成了具有装饰感的叶子作品。如图1-88所示，以蝴蝶的造型为元素，先将蝴蝶的翅膀归纳为几种色调，配好需要对应的色线，背景色可以通过油画颜料绘出蓝色肌理效果。刺绣顺序有多种，可以一个色绣完再绣另外一个色，也可以按图案的前后顺序来绣。如图1-89所示，

图1-87  综合技法

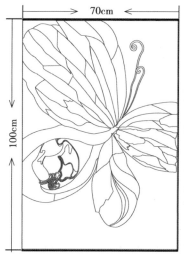  

图1-88  绘与绣

图1-89  综合技法

采用铁丝作为支撑物绕上毛线，构成蝴蝶的外形，蝴蝶翅膀的花纹也是采用同样方法，铁丝上绕毛线，底色背景刷上白乳胶将剪碎的各色毛线绒撒在上面，形成富有变化的肌理背景。

## 二、丝线绣工艺

中国传统刺绣又称为丝绣，与养蚕、缫丝分不开，中国是世界上发现与使用蚕丝最早的国家，随着丝织品的产生与发展，刺绣工艺也逐渐兴起，据《尚书》记载，在四千多年前的章服制度，就规定有"衣画而裳绣"。绣品从戏剧服装到日常生活中的枕套、台布、屏风、壁挂及生活服装等，此外，将油画、中国画、照片等艺术形式运用于刺绣，使之达到远看是画、近看是绣的效果。

手工丝线绣的主要艺术特点是图案工整娟秀、色彩清新高雅，具有平、光、齐、匀、和、细、密等特点，女性自古是从小开始女红练习，精美的刺绣作品是长期练习的结果。在本课程学习中，短时间的教学目的是掌握刺绣的针法，运用现代材料，结合现代审美，达到古为今用的目的。所以我们首先介绍毛线绣，让同学们很快喜欢上刺绣的艺术表现形式与技法。

材料与工具在前面刺绣工艺概述里已经讲过，在此不赘述，刺绣针法也如前几节所述。对学生练习传统刺绣要求不是很高，一般要求选择圆形花绷绘上设计好的图案，根据图案选择色线和针法刺绣（图1-90～图1-94）。

图1-90　丝线绣花卉1

图1-91 丝线绣花卉2

图1-92 不同针法刺绣花叶

图1-93 传统丝线绣福寿图

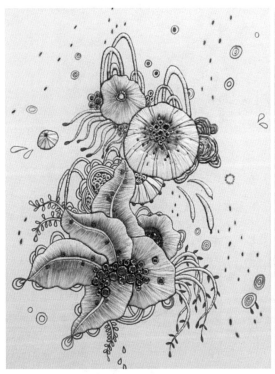

图 1-94　油画框上丝线绣练习

## 三、绳绣工艺

　　绳绣，是用另外一种线将绳状物固定在布面上，做出各种图案的刺绣技法。绳绣最早用于衣服的滚边、镶边装饰上。在 16 世纪的法国，绳绣被用于女子晚礼服、男子大衣或日用家具的装饰等；到了 17 世纪，采用绳绣已经可以制作出许多技法复杂的作品；进入 20 世纪，它与花边绗缝、网眼花边等并用。手工做的绳还有编织类、编类、打结类及用斜纱布制作的细绳等，绳绣所用的主要材料为不同粗细和质地的绳、线或带，多用于表现结构或强调轮廓，具有极强的装饰性。绳的固定方法有三种：①把绳放在布的表面上，从反面固定的方法，表面看不见固定线，这种方法视觉干净美观（图 1-95）；②背面粘贴的方法，速度快，但胶水干了显硬，绳子头也不太好处理，适合一些粗犷的装饰效果，如图 1-96、图 1-97 所示；③从表面固定的方法，固定线同时成为装饰线，如图 1-98、图 1-99 所示。

　　**1. 绳绣的材料与工具**

　　（1）绳绣材料：面料，各种天然纤维和人造纤维作为绳绣的底布；绳子，一般使用扁平状编绳、搓绳编织绳等；固定绳子的线，一般是与绳同色的缝线或棉线。另外，也有用刺绣线边做装饰边进行固定。

图1-95　明线绳绣家纺用品

图1-96　暗缝绳绣作品

图1-97 粘绳绣

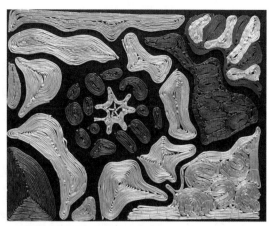

图1-98 绳线绣

图1-99 盘金线绣

（2）绳绣工具：手缝针或者刺绣针；钩针，只作为辅助工具使用，根据绳的粗细来确定钩的大小；绣框，圆绣框或方绣框。

2. 绳绣的工艺流程

步骤一：确定图案风格、形式并选择绳子质感和粗细，图案设计时必须考虑绳绣的连续性，设计好其走向。

步骤二：将要绳绣的纹样拷贝到底布上。

步骤三：按图案线条排列绳子，先用大针脚固定初步看作品的效果，同时也便于制作，绣完须拆掉临时固定的线。

3. 细绳绣的设计要求 细绳绣工艺要求在制作时考虑一绳相连，减少间断。绳绣用材较粗、较硬、较难转折，在设计时要尽量避免尖锐的转角。暗线绣固定藏针要隐蔽，外观不露针法；明线固定绳绣，要求固定线均匀，同色或撞色。

## 四、丝带绣工艺

丝带绣是用各种宽窄不同的丝带作为绣线，在面料上配合不同的针法绣制成的刺绣品。丝带绣立体感强，丝带本身的光泽感与丰富的色彩相结合，容易产生绚丽的视觉效果，适合毛衣、靠垫及各种装饰画等（图1-100）。

图1-100　丝带绣作品

### 1. 丝带绣的材料与工具

（1）丝带绣材料：

①底布：织物的品种繁多，选用哪种织物作为底布，要考虑整个作品的色彩和风格，不同质感的面料与丝带绣的立体感相映衬，形成不同的装饰风格，因此材料的选择决定作品的风格。为了突出丝带绣的特色，一般选择单色底布，而且还要注意材料的质地不宜过薄，过薄的底布容易抽缩起皱，托不住丝带绣的图案，最好选择棉质、绒质、呢质、毛绒、法兰绒等材料做底布。

②丝带：依据成分丝带可分为真丝带和化纤仿丝带。目前国内市场上出售的丝带有0.3厘米、0.5厘米、0.7厘米等不同宽度。

③辅助材料：为了效果的需要，丝带绣过程中经常结合丝线、毛线、珠片等材料。

（2）丝带绣工具：

①针：选用针孔细长的绣花针适合穿丝带，针体粗细适中，粗针在固定丝带的同时会有大的针孔。

②剪刀：用于剪断丝带的小剪刀。

③花绷：用于固定布片时用。

④水笔：描图案的时候使用。

⑤绣花纸：专业刺绣用绣花纸，半透明，可以直接铺在图纸上描好底图，覆在毛衣等衣物上刺绣，绣完后直接撕掉即可，十分方便。

**2．丝带绣的工艺流程**

丝带绣的工艺流程与毛线绣一致，只是毛线换成丝带，与毛线绣的针法也相同，先绘制好图案，根据设计图案选择不同色彩和不同粗细的丝带，图案拓印到底布上，根据设计稿选择针法。丝带绣立体感强，不宜采用较复杂的针法。

做丝带绣时，首先应注意丝带绣的针脚不宜过小，过小的针脚显露不出丝带的美丽，而且针脚也不宜过密，为了防止丝带扭曲，需要用针锥随时拨平丝带。还要注意丝带绣的穿针与打结方法，每条丝带不宜剪得过长，一般剪30～50厘米长比较好用，并要将丝带头剪成斜尖角以便于穿针。丝带的打结步骤：先在丝带结尾1～2厘米处穿针，然后拔针带过丝带形成一个丝带套，再把结尾的小头穿进套内，最后拉紧丝带套，一个结就打好了。

丝带绣要点：无论是宽的还是窄的丝带，其图案都是通过折、抽褶之类形成的，因此要预先将实际用的丝带做成形后构成图案，图案以线条构成的花样为好，制作时要注意丝带和布都不能起褶皱。

固定方法：平固定法、抽碎褶固定法、交叉拧固定法、打褶固定法。

**3．丝带绣的成品效果**　丝带绣最突出的视觉效果就是丝带材料具有光泽感、色彩鲜艳，适合制作一些具有立体感、具有色彩感的作品。丝带绣通过丝带面的转折达到变化的效果，主要考虑色彩与图案之间的关系，丝带绣可以与毛线绣、丝线绣不同材料相结合。色彩搭配是丝带绣的重点，丝带由于扁平宽窄的特征，不同于绳绣圆形材质，适合花卉和动物的表现（图1-101～图1-103）。

图1-101　丝带绣花卉与动物

图1-102　丝带绣花卉

图1-103 丝带绣抱枕

## 五、珠绣和亮片绣

1. **珠绣** 珠绣是用针穿引珍珠、玻璃珠、宝石珠等在纺织品上组成图案的刺绣，珠绣首先要把珠子穿起来按设计好的图案固定在布上。

（1）珠绣的材料与工具：

底布：根据设计风格的需要选择天然纤维、人造纤维的底布都可以。

串珠：按材料、形、色、大小不同分类。市场上出售的串珠各式各样，可参考串珠的种类及串珠的分类表，根据作品图形及用途灵活选用。

线类：使用锁缝线、棉线，线的颜色要与串珠同色，透明的串珠一般使用透明线或同色线，也有使用其他色线的。

针：穿珠针、9号手针（长针）。

绣框：圆绣框、方绣框。

（2）珠绣技法：

①绣前准备：仔细观察图纸配色及注意事项，数出颜色数量；将图纸颜色与所配珠子进行对比选择；找到绣布中心点（两次对折点），以中心点数出起针点（通常以图案的最下面一排为起针点）；将穿好线的绣针在绣布背面打结（即固定）后从起针点处穿出。

②平伏针迹固定法：边用针一粒粒将珠子穿过，边用平针固定，针迹与珠子的长度一致，针距可以根据需要自行设计，可大可小。

③花梗针迹法：用粗花梗针迹将长串珠的一端与图案线对齐刺绣。使用圆珠子穿入比针迹宽、又多的珠子时如图1-104所示方法刺绣。自由固定：把珠子像撒种子似的自由固定，可以一粒一粒绣，也可以两三粒穿起来后自由组合刺绣。

（3）珠绣的注意事项

珠子大小：选择珠子很重要，绣的时候尽量选择大小比较均匀的珠子，差别太大会影响整体效果（图1-104）。

珠子方向：所有珠子的倾斜方向必须保持一致（图1-105）。

起针点：通常是以图案的最下面一排（左下角或者右下角）为起针点。

起针：起针时，先将绣线尾部打结，在绣布背面穿过几针（注意不要穿透到正面）后，从起针点穿出。

收针：绣线快用完时，将针穿入绣布背面，在绣布背面穿几针，然后直接剪断即可，无须再打结。注意不要在绣布上打结。

（4）珠绣的应用：珠绣一般是先穿好珠子，按照设计的花纹固定，或者是边固定边穿珠，一般应用于服装及服饰配件上，现在也延伸到装饰挂件上（图1-106~图1-111），如马来西亚的珠绣拖鞋、厦门珠绣拖鞋，珠绣也是现代婚纱设计的主要工艺。

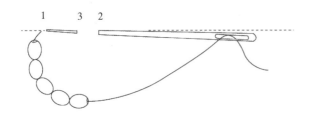

图1-104 连续穿珠

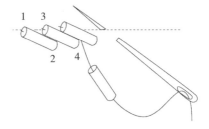

图1-105 并列穿珠

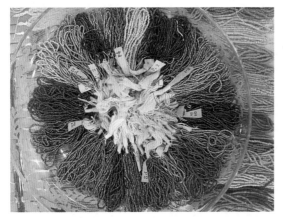

图1-106 穿好的珠子

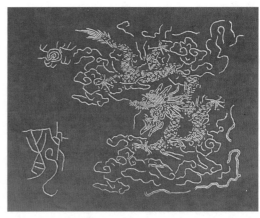

图1-107 珠绣壁挂

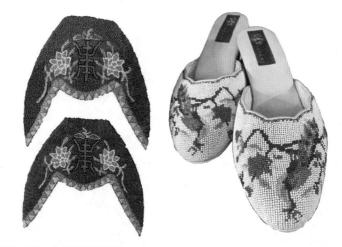

图1-108 东南亚珠绣拖鞋

图1-109 扬臻珠绣拖鞋

图1-110 珠绣腰带

图1-111 珠绣床幔帘

## 2. 亮片绣

（1）亮片绣所需材料与工具：

布：要突出珠子的闪亮，选择织纹不明显的布为宜，如平绒、塔夫绸、真丝双绉、真丝乔其纱、绉缎、涤纶仿真丝面料以及针织汗布等。

串珠、亮片：管状、圆状、球状以及特殊形状的珍珠、玻璃珠、宝石珠、亮片等，形状大小、色彩、孔洞根据图案参考搭配（图1-112）。

图1-112 亮片绣：工具与材料

线：根据面料色彩质地选择合适的绣线，如棉线、渔线等。

针：根据穿珠孔洞的大小选择合适的穿珠针。

绣框：常见圆绣框、方绣框。

（2）串珠、亮片绣主要技法：

自由绣：将珠子或亮片一粒粒穿过，自由地固定在布上像播撒种子一样，也可以分别把珠子、亮片2~3粒连续自由进行固定。

茎梗绣：将长珠或者3~4粒圆珠按照图案，对齐一端图案线开始刺绣。

缎绣：是做满绣图案时使用，按照图案从中心向单侧绣，再返回中心。

流苏绣：是使串珠悬垂于布下的刺绣方法，也称穗饰，一般是搭配在罩衫的底边、袖口、领口、长围巾的两端等边部的流苏装饰。

（3）串珠、亮片绣主要注意事项：

珠子、亮片色彩、大小：绣品上要尽量选择大小相对均匀的珠子，色彩搭配要和谐，否则会影响整体设计效果。

珠子、亮片方向：所有珠子、亮片的倾斜方向必须保持一致，亮片的凹凸面，在绣缝时应根据效果合理搭配选择。

起针点：通常是以图案的最下面一排（左下角或者右下角）为起针点。

起针：起针时，先将绣线尾部打结，在绣布背面穿过几针（注意不要穿透到正面）后，从起针点穿出。

收针：绣线快用完时，将针穿入绣布背面，在绣布背面穿几针，然后直接剪断即可，无需再打结，注意尽量少在绣布上打结。

熨烫：绣品完成后，将熨斗调至适宜的温度，并将熨斗底部朝上烫绣品的反面，边烫边移动。

（4）亮片常用固定方法：亮片固定方法有：单片固定、十字固定、半重叠固定（图1-113~图1-115）。串珠和亮片绣因精致闪亮，一般用于服装中的礼服设计、精致包袋设计、家用纺织品装饰设计（图1-116~图1-120）。

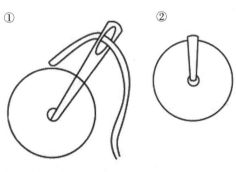

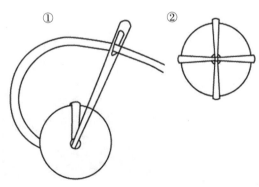

图1-113　单片固定

图1-114　十字固定

① 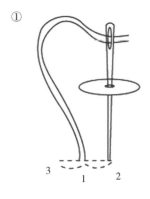 ② 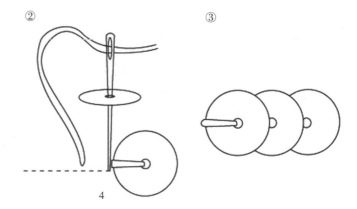 ③

图1-115 半重叠固定

图1-116 扬臻亮片绣蝴蝶

图1-117 礼服局部珠绣

图1-118　亮片绣包袋

图1-119　亮片绣服装

图1-120　礼服珠绣与亮片绣

## 小结

本章刺绣工艺是传统服饰手工技艺的重要组成部分，能够运用到服装、鞋包等各类服饰品设计中，通过对传统刺绣的认识到制作过程、制作材料的体验与实践，让学生领悟到传统刺绣工艺的核心价值，同时通过应用现代新型材料、结合现代元素，将传统刺绣工艺的特点，用创造的方式而不是复制的方式付诸思考与实践。

## 思考与练习

1. 查阅中国传统刺绣相关资料，并总结归纳不同时期的刺绣工艺特征。
2. 从基础刺绣针法中挑选几种工艺手法制作一幅图案刺绣作品。
3. 同一图案，采用不同的材料与材质的线，比较刺绣作品的设计风格。
4. 查阅现代刺绣工艺相关资料，针对怎样理解传承与创新进行小组讨论。
5. 刺绣作品创作实践。

# 第二章　手工印染

手工印染是我国传统的印染技术，手工印染包括"手工染色"和"手工印花"两个方面，我们通常所说的手工印染既非单纯的染色也非单纯的印花，是通过蜡染、扎染、夹染等防染的原理达到花色印染效果，古时这种手工印染工艺统称为"染缬"，手工印染也是设计师对面料二次再造的常用手法之一。

# 第一节　手工印染概述

## 一、手工印染定义

手工印染广义上是指采用手工染色、印花，区别于工业生产的机器产品。我国古代称手工印染为"染缬术"，手工印染设计中大多采用的是防染印花工艺，根据防染材料和工具不同又分为：蜡缬、绞缬和夹缬，也就是现在所说的蜡染、扎染和夹染。

## 二、手工印染发展渊源

扎染工艺已有悠久的历史，我国新疆维吾尔自治区吐鲁番的阿斯塔纳305号墓，出土了西凉建元二十年（公元384年）的扎染实物；1969年在这里的117号墓地又出土了唐永淳二年（公元683年）的扎染实物，出土时折叠缝串的线还没有拆去。扎染工艺由于制作工具朴实，木片、绳线随手都可捆扎，一直流传至今。从南至北的我国绝大多数乡镇及少数民族地区亦还继承有完整的制作工艺，其中尤以西南和西北地区最为普及。

蜡染工艺的起源有几种说法，一种是蜡染工艺起源于印度尼西亚的爪哇，雷圭元先生所著的《工艺美术技法讲话》一书中写道："蜡染的发源地是在爪哇，年代已不可考。"美国人弗雷斯特所著的《诺染》一书中也谈到，蜡染的发源地在爪哇，到那里旅行的人把蜡染技术传到世界各地。另一种观点则认为，印度是蜡染的起源地，印度是世界上最早使用棉纤维的国家，蜡染都是出现在棉织物上。关于蜡染发源于中国的观点，美国已故哥伦比亚大学中文系主任杜玛斯·法兰西斯卡特在他的成名著作《中国印刷术的发明及其西传》一书中谈道："中国现存的早期蜡染实物，比埃及、日本、秘鲁、爪哇所发现的实物要早得多"。特别是在敦煌石窟和新疆吐鲁番出土的蜡染实物足以证明了这一点。

## 三、手工印染分类

手工印染按不同的印染工艺通常分为扎染、蜡染、夹染和型染。

1. **蜡染** 蜡染的原理是利用蜡不溶于水的原理，用蜡作为防染材料封住防染部分，然后投入染缸染色。在染色过程中，随着被染织物的不断翻动，涂绘有防染材料的部位会产生裂纹，染液将顺着裂纹渗入织物纤维内，形成肌理冰纹（图2-1），这是蜡染有别于其他种类的手工印染最具代表性的特征。

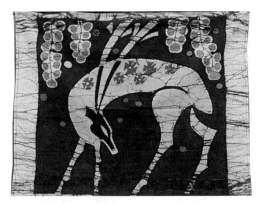

图2-1 手工蜡染

2. **扎染** 顾名思义就是把织物扎起来染，扎的工艺有线缝、绳捆、打结等技法，起到局部防染的作用（图2-2）。由于扎染工艺不像蜡染绝对防染，而是相对防染，染色会出现各种随机效果，同时由于扎染方法和工具简单，因此扎染在世界各地应用极其普遍。

3. **型染** 型染是借助于纸板或模具镂空出花纹，分为夹染和糊染。夹染是通过外力夹住织物而防染，一般用木板根据设计的花纹雕刻出凹花版或凸花版，被染的织物夹固在花版之中，通过花版防染，染液是传统蓝靛染色，民间称为夹缬蓝染。夹染的刻版后来演变为油纸版镂空刻花，通过豆糊、糯米糊等封住镂空部分防染，所以又称为"糊

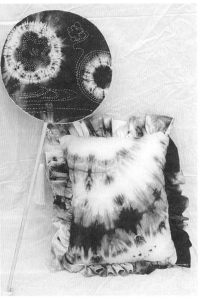

图2-2 手工扎染家用纺织品

染"，明清时期被称为"药斑布""浇花布"，这种用油纸刻花纹、涂灰浆蓝染出来的面料，被人们统称为蓝印花布。目前这种蓝印花布在我国江苏省南通市有一定批量生产，型染特点是图案花纹规整清晰，不同于蜡染会产生冰纹，也不同于扎染或夹染染色的偶然性（图2-3）。糊染工艺目前在日本、韩国和我国台湾地区还很流行，特别是在日本，深受日本人民的喜爱。手工印染在室内装饰性软装设计中应用较多，如沙发靠垫、窗帘、桌布、床罩、枕套等，还用于一些纯艺术品的制作、纯装饰艺术品墙面装饰与空间立体装饰。

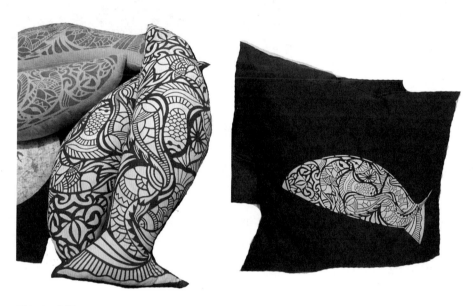

图2-3　型染

## 四、手工印染染料

染料是手工印染最重要的材料，一般常用的有植物染料和直接染料、酸性染料、纳夫妥染料、还原染料等。

### 1. 植物染料

（1）提取不同色彩染料的植物：植物染料是通过对自然界的花、草、树木、茎、叶、果实、种子、皮、根经过压榨、熬煮、晾晒等技术处理，提取色素作为染料，自然界中可以用作染料的植物很多。提供红色染料的常用植物有：红花、茜草、玫瑰、苏木、指甲花等，另外动物胭脂虫也能提取红色；提取黄色染料的植物有：柘木、槐花、石榴皮、栀子、姜黄、木樨草、黄檗、丁香、洋葱皮等；提取蓝色染料的植物有：木蓝、马蓝和蓼蓝；一般绿色植物直接提取绿色染料很难达到，常用的是蓝色染料和黄色染料套染出绿色，洋葱肉也可染出绿色；紫色由紫草、五倍子等提取，但一般采用蓝色染料和红色染料套染的方法获得紫色，先染蓝色再染红色，另外在茜草中加入明矾作为媒染也可以染出紫色，苏木中加入硫酸或碳酸钾也可染出紫色。自然界中染出棕色、灰色的植物也很多，染棕色如胡桃、石榴、栗子壳等；染灰色有茶叶、鼠尾草、佛耳草、黑豆皮等（图2-4）。

图2-4　常见的植物染料

（2）提取植物色素的工艺：植物色素的提取方法比较简单，大部分植物都可以采取煎煮的方式提取染液，固体植物要提前浸泡12~24小时，然后再煎煮过滤出染液，前面提到的染色植物大部分在中药店都能买到，生鲜植物也可以通过榨汁机来提取染液。值得注意的是，植物染料容易提取但不耐水洗和日晒，所以在提取植物染液后，染色过程中要添加媒染剂，常用的媒染剂有盐、醋、明矾等，盐起到固色作用，醋可以增强红色和紫色，明矾是固色金属盐媒染剂，能起到一定的固色作用。下面介绍一些常用植物染液的提取方法。

①木、果类提取染液：第一步，将木、果浸泡，为了让木、果充分浸出汁液，要先分解木、果为小粒，放在清水中浸泡12小时以上；第二步，煎煮，加热浸泡的木、果液至沸腾，小火再煮半小时；第三步，提取染液，准备非织造布袋过滤染液，固体较坚硬的果实都要提前浸泡再煎煮后提取染液。

②叶草、花朵类提取染液：第一步，装袋浸泡，细小植物如红花、茶叶类要提前装

入非织造布袋浸泡，否则不好过滤；第二步，煎煮，浸泡植物后煎煮20～30分钟过滤；第三步，加媒染剂，不同植物媒染剂不同，添加的时间顺序也不一样。

③生叶类提取染液：取新鲜的叶子，如橄榄叶、蓼蓝叶等，将叶片放入榨汁机里加水榨汁，过滤出染液加水搅拌，一般染液与水的比例为1∶20，制成染液。

2. **直接染料**　因可直接染着于纤维上故名直接染料。直接染料是通过化学原料加工制成的，能直接溶解于水，它几乎能上染于所有的天然纤维，可直接煮染。它的特点是使用方便、价格便宜、色相多样、颜色附着力良好、色彩饱和，也可染黏纤类面料和少数合成纤维面料（图2-5），但没有植物染料层次丰富和环保。

3. **酸性染料**　最初出现的这类染料都需要在酸性溶液中染色，便取名为酸性染料。主要用于羊毛、真丝面料的染色，也可用于锦纶和皮革染色。酸性染料色泽艳丽、色谱广、染色工艺简便。酸性染料可分为强酸性染料、中性和弱酸性染料，前者主要用于染羊毛，后两者主要用于染丝绸、锦纶、皮革。

4. **纳夫妥染料**　纳夫妥染料也称为不溶性偶氮染料，属于还原染料，纳夫妥染料是由打底剂（色酚）和显色剂（色基）在素纤维上合成。它染得的色彩浓艳，尤其是橙、红、紫、蓝等色。纳夫妥染料日晒、水洗色牢度比较高，染色过程是在常温或低温情况下进行的，特别适合于蜡染工艺。

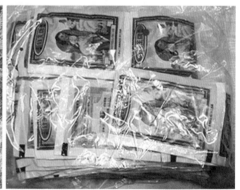

图2-5　直接染料

## 第二节　扎染工艺

"扎染"古时候称为"绞缬"或"染缬"，民间又称"撮花"。其原理是通过绳、线等对织物进行紧固的扎、缝、缚、缀、夹等，织物受制于扎结所带来的外力作用，达到局部防染的效果。由于缝扎织物不同于蜡染和糊染不溶于水的原理，在染色过程中，放进染液煮染时间要短，进而使面料没有充分染色而得到不均匀的肌理效果，过滤浮色晾干拆除扎线后，所染的织物上即可产生丰富多样的花纹和肌理。扎染工艺除了能制作单色花纹以外，通过反复套染，同样能制作出多色花纹图案。

## 一、扎染工具与材料

扎染工艺由扎结和染色两个部分组成，不同流程阶段的工具与材料也有所不同，通常包括纺织品、染料、助剂、绳线、夹板以及专用的器具等，同类材料之间也具有不同的特性，扎染过程中根据使用工具和材料的不同，也会呈现出不同的效果。

1. **织物** 手工印染的不同染料对织物的要求也有所不同，手工印染的染料一般选用植物染料和化工直接染料，这两种染料都要求织物是棉、麻、毛、丝等天然纤维。天然织物的着色力较强，染色效果好并且色彩附着力强，而化纤织物的着色力较低，色彩不够饱和，因此在扎染练习过程中一般会选择纯棉白布作为底布。棉织物的特点是吸湿性、透气性强，价格便宜，染色效果好，具有质朴的民间染色风格（图2-6）。麻织物较棉织物，染色时吸色快，色彩饱和度高；丝织物外观光滑，一般植物染比较适合，但不耐光、易皱；毛织物抗皱，不易褪色，也适合手工印染。

图2-6 纯棉布料

2. **扎染工具**

（1）线绳和手缝针：扎染工艺最重要的工具就是绳和线，通过不同粗细的线绳捆扎和手缝针的缝制实现扎结的效果。线绳有不同的材质和粗细，包括棉线绳、涤纶线绳、毛线、麻绳、缝纫线、布条和橡皮筋等各种线绳，为了避免有色线会掉色到织物上，一般选用白色韧性较好的棉线或尼龙线，有时为了套色扎染能区别出不同的图案，也选用有色线缝扎。棉质蜡线是目前最常用的线绳，这种线材能经得起捆扎过程中的强力拉扯，细缝纫线配合相应的缝衣针（图2-7），可以缝制出各种纹样的图形，还可以使用金属丝，如铜丝、铁丝等。不同的线绳呈现出来的扎染效果也不尽相同，如棉线在使用后会吸附染料，成为制作反染法扎染作品必要的材料；尼龙质地的线（如牛仔线）不会吸附染料，但韧性好，适合制作大量留白的扎染作品。同样材料的线使用股数不同也会造成不同的扎染效果，可根据所需要的图案要求来选择，需要注意的是，无论选择何种线绳，都必须满足坚韧不易拉断的基本要求。

（2）夹子：扎染的基本原理就是通过对布料施加力量，使其不能吸收或很难吸收染料，从而达到深浅不一的色彩变化。夹子就是一种能对布料施加力量的工具（图2-8），特别是使用过的带有染料颜色的木夹子，能在画面上留下独特的色彩纹理，这是传统扎染方法里所没有的。

（3）辅助物：一些有肌理的硬物，如凹凸不平的瓷砖或砖块、粗糙的树皮、纪念章、硬币等，甚至可以是一些机器零件、金属网，通过对这些硬物的捆扎，扎染画面会出现非常独特的效果，这也是对传统扎染方法的一种富有想象力的拓展和创新。塑料薄膜也是很好的工具，可以利用它不透水的特点，通过捆扎来对布料进行局部的防染。条状硬物，如筷子、尺子等，这些条状硬物经捆扎后会出现明显阶段式的短线或长条块面，亦会形成意想不到的扎染效果。

3. 染料　扎染常用的染料：植物染料和直接染料。直接染料价格便宜，染色方便，色彩鲜艳，但没有植物染料层次丰富。

4. 辅助工具

搅拌棒：调配染料时，搅拌棒可以把混有染料和盐的水搅拌均匀，可选择竹棒、不锈钢棒等。

橡胶手套：在染色过程中防止染液污染手部，特别是直接染料对手部皮肤容易造成

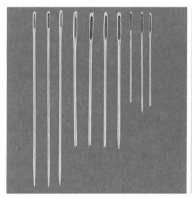

图2-7　针线

图2-8　辅助工具

一些伤害，而配备一副橡胶手套可以起到很好的防护作用。

加热容器：加热容器的大小尺寸一般依据所染面料的多少来衡量，大口径、大容量的不锈钢锅因其安全又方便，故作为目前常用的加热容器；若扎染作品不多，也可以选用小口径的锅在炉火上加热。需要注意的一点是，加入了食用盐的染料最好不要长时间放置在金属容器里，以免腐蚀容器，可以使用塑料容器来盛放。

助剂、固色剂：纯碱，可作为促染剂，促使染色均匀；食盐，可作为促染和固色剂用，生活中我们也经常使用这个方法为新买的容易褪色的衣物固色，食盐很容易买到，十分方便，而且价格便宜，相对于使用碱或石灰粉来固色，盐是天然的，所以更安全。

## 二、扎染工艺流程

扎染的工艺流程为：染前织物处理（织物去浆→整烫→描线稿）→扎结、线缝→染液配置→染色→整理（晾干→水洗→拆结→熨烫整理）。

### 1. 染前织物处理

（1）织物去浆：扎染面料的去浆处理是染前处理的一部分，新布都需要去除纱线或织物上的天然杂质，以及纺织过程中所附加的浆料、助剂和沾染物，由于天然织物缩水率较大，同时也要做缩水处理。常用的去浆方法如下：

①每100克布料约需要3克烧碱或食用碱，溶于2~3升清水中，将布料投入浸泡约2小时后，将水煮沸再煮5~10分钟，最后取出用清水冲洗干净，再投入浓度为每升2~3克的洗衣粉溶液中皂煮半小时左右，取出用清水洗净，自然吹干后便可使用。

②简易去浆法，每100克布料配3~5克洗衣粉，溶于2~3升的清水中，将布料投入溶液中浸泡3小时左右，清水洗干净即可。

（2）整烫：手工扎染设计绘制织物之前，要熨烫织物。通常采用的面料为棉布，或麻、丝等天然织物，通过水洗后，织物会出现褶皱，因此首先要将织物熨烫平整，然后再画上需要缝扎的设计稿；另外，若使用未经熨烫的褶皱面料，一些折起的皱褶部分未能吸色，极易造成扎染纹样的不完整，因此将染前处理后的面料熨烫整齐是整个工艺流程中极为重要的一部分，使用一般家用电熨斗便能轻松实现。

（3）描线稿：为了保证纹样的造型和分布位置的准确，染色前一般需用铅笔或水溶笔描稿或拷贝设计的纹样，必须注意的是应该选择颜色较淡的铅笔，以防污染面料。

### 2. 扎结、线缝等工艺

扎结、线缝工艺是决定扎染效果的关键，扎染的扎结、缝制方法大体分为三类：缝绞法、结绞法、绑绞法。

扎结、线缝的目的是防染，缝制技巧有捆扎、织物自身打结等多种方法，包括结合其他外在压力工具，如橡皮筋的绑扎、皮筋和木夹的结合等。通过各种方法对面料进行紧固的捆扎，使得被捆扎的部分不易吃色，形成未染色的花纹，便起到了防染作用。这是整个工艺流程中最繁复亦是最重要的部分，这一环节的把控在很大程度上决定了最终成品的效果（图2-9）。

3. **染液配置** 准备好染料和助染剂纯碱，也可用食盐代替，染料的多少取决于布的重量，一般染料为布重的3%，助剂为1.5%（食盐为10%），水为布重的20～30倍；用少量水先溶解染料加热至无颗粒状，再倒入水中配制成染液。

4. **染色** 染色方法根据染料的不同方法也各异。化学染料和天然染料染色各有利弊，天然染料色牢度较差，染液提取消耗植物等材料也较多；化学染料方便快捷，色彩饱和度高，但一些做旧自然色彩很难达到。染色分冷染和煮染，染色过程中染液的配置、温度、浓度、时间、助染剂的选择都会影响染色的效果。扎染和夹染染色时间一般在30分钟左右。

5. **整理** 将染好色的染布晾干、水洗、拆结、熨烫整理，制作成品。

图2-9　系扎捆绑

## 三、各种扎缬方法

缝缬法是指利用缝纫线或其他材质的线绳配合钢针，通过串针对设计好纹样的织物进行缝制紧固，图案的变化会随着手缝时针距长短、线条曲直、缝针疏密和缝法不同产生不同的变化。

1. **针缝法** 针缝法是最常用的扎染方法，通过线缝轨迹再抽紧做到防染，有平缝法（图2-10）、双层折叠缝法可达到对称效果。其方法是：取事先描绘好图案的织物，用尾部打好结的缝线沿图案轮廓进行平缝，缝完后再将缝线抽拢，织物在缝线处便会出现皱褶，根据图案需要掌握好抽线的松紧，针距的大小根据面料的厚薄和图案的精细程度决定，平缝时最好每一个基本图案单位从头至尾是采用一根线完成，中途不要打结，以便收线抽紧。在图案复杂的情况下，要先里后外，先中心后边缘，先缝抽小图案，后捆扎大图案。将平缝线抽紧以后，要用力捆扎紧，因平缝处是图案的外轮廓，边缘要收紧，否则边界会模糊（图2-11～图2-13）。

2. **折叠法** 将织物根据需要折叠后，用线绳平缝或捆扎，以达到防染效果。织物可通过对角折、对折、展形折和万形折等方法实现不尽相同的折叠状态，常见的折叠平缝法有"双层折叠平缝法""三层折叠平缝法""四层折叠平缝法"，一般采用来回折，让折边都能接触染液，不同的折叠方法将产生出不同的图案折痕（图2-14～图2-19）以适应不同风格的需要。折叠缝扎法面料一般选用薄而稀松的织物，织物太厚太紧密，折叠以后一方面串缝抽线十分困难，另一方面内部染色不容易均匀，为了上色均匀，渗透快。扎结完成后，一般需在清水中浸泡5分钟，再把水压干进行低温染色。

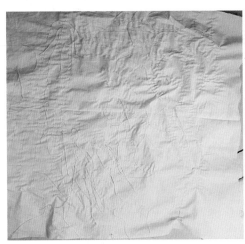

图2-10 缝扎

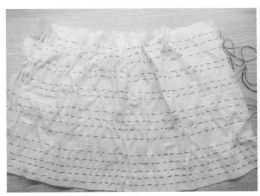
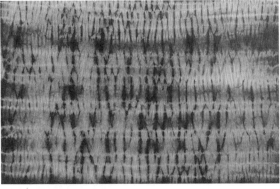

图2-11 平缝绞法

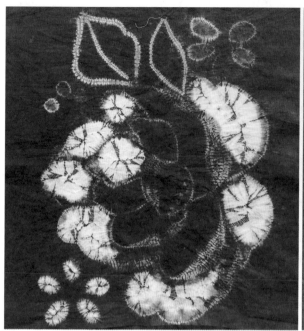

图2-12　线缝法

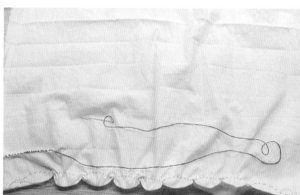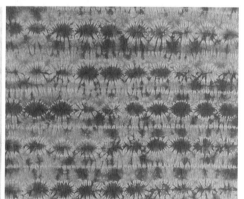

图2-13　纹样对折平缝效果

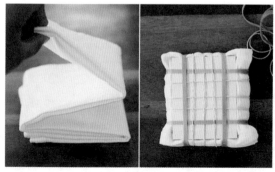

图2-14　折叠法1

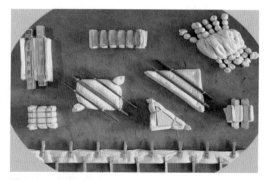

图2-15　折叠法2

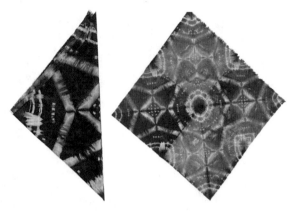

图2-17 三角形折叠法2

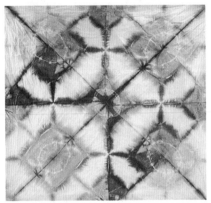

图2-16 三角形折叠法1

图2-18 对角线折叠法

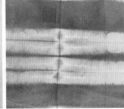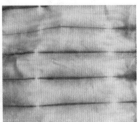

图2-19 翻转折叠法

3. **捆扎法** 捆扎法是通过绳线捆扎防染的部分，需要防染的部分要先在织物上画出，也可以自由随性地扎结。捆扎的形式有：折叠后捆扎、以一点为中心向外抓起捆扎（图2-20），也可分段捆扎、结合线缝捆扎等（图2-21、图2-22）。自由捆扎是将织物用随性自由的方式捏成一整团后，用线绳随意缠绕扎紧，染色后的效果仿若大理石花纹一般极具变化（图2-23）。捆扎法的要点是捆扎部位为了更好地防染，捆扎部分须紧而硬，图2-24所示为先抓结后捆扎。

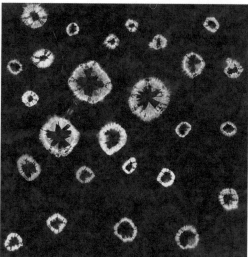

图2-20　抓点捆扎

图2-21　抓点捆扎与线缝

图2-22　抓点扎染的小熊

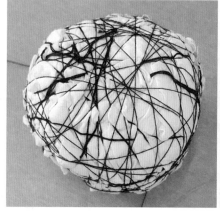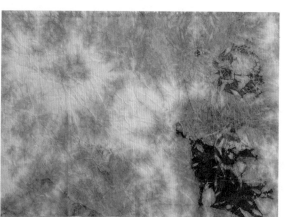

图2-23　自由捆扎

图2-24 线缝图案轮廓、捆扎染色

4. **器物捆扎法** 器物捆扎法主要分为夹扎法和卷缩扎结法两类，其中卷缩扎结法又以筷子卷扎法为典型。这些方法都是用夹板、毛竹板条、木夹和铁夹等不溶于染液的物体，通过不同方式扎紧布料后用线绳扎绕，染色后可得到不规则花纹，借助其他不同形状的物体会产生不同的肌理效果。织物直丝或斜丝包裹圆形木棍的染色效果，如图2-25所示；顺着面料的长或者宽有规律地包裹扁木条形成规律的染色效果，如图2-26、图2-27所示；织物从对角线的一角开始包裹圆木棍，利用两根筷子分别从织物的两边卷至中间部位，同时缠住织物的两端，用力将筷子往中部挤压，使皱褶集中于木棍中间，用线绳或橡皮筋收紧扎紧，如图2-28所示。除此之外，若追求更丰富的纹路，也可在两根筷子中间缠绕几圈线再卷进织物，这样染色后将出现自然的微波纹，但需要注意的是这种染法较适合窄幅织物，效果较宽幅织物更佳。

5. **打结法** 打结法是将织物通过对角、折叠等不同方式折曲后自身打结抽紧，以此来实现防染目的的方法。常见的有四角打结（图2-29）、整块布打结、间隔打结（图2-30）、斜角打结等。

图2-25 绑捆圆形木棍染色肌理

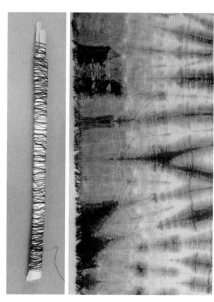

图2-26 包裹木片捆扎

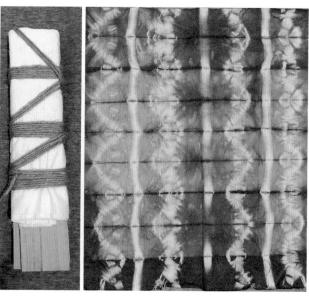

图2-27 折线包法

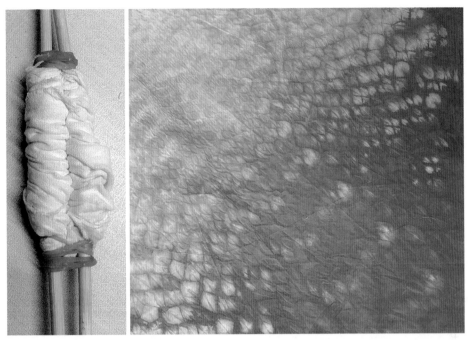

图2-28 对角线包裹圆木棍染色肌理

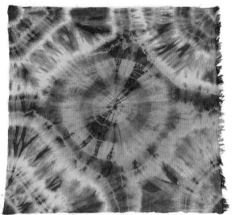

图2-29 四角打结的染色效果

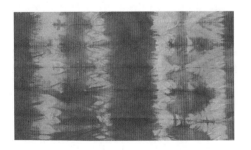

图2-30 中间分段的染色效果

**6. 包物法** 包物法的一种是包如硬币、小石子、话梅核等一些加热不易变形的硬物，用织物将其包住扎紧，染色后便会出现不规则的纹理；另外一种是用塑料布从织物外面将织物包裹起来，起到防染的作用，但需要注意的是塑料包物不宜染的时间过长。

## 四、染液配置及染色工艺

### 1. 直接染料染液的配置及染色

（1）染液浓度的配置：直接染料染液的配制是通过染料粉末加热水溶解或加热制成染液，染液配比的比例取决于待染织物的重量，一般布的重量为100克，染料浓度为3%，染料为3克，坯布重量20～30倍的水。但也不是绝对的，这只是一个参考，不同面料的吸色程度也不尽相同，还有设计制作对染色浓度的需求也不一样，染液的染色浓度取决于染液浓度的配比，染料在热水中溶解的同时搅拌直到没有颗粒为止。直接染料可以相互配色，如红色加黄色变成橙色，但不能用粉末直接混合，要溶解后再将染液混合。

（2）染色方法：染料充分溶解后倒入配比的水溶液中，也可在水中加入纯碱促染。将染液加热至40℃左右，把浸泡过的织物投入染锅中煮染，一般需浸泡5分钟让水分子充分进入织物纤维，10～15分钟内温度80～90℃，不断搅拌以达到染色均匀，在始染15分钟后加入食盐，继续染色10～15分钟，温度逐渐降温到50℃。根据扎染面积的多少、不同结扎的方式决定染色的时间，结扎面积大、捆扎部位多而紧会延长染色时间，相反会缩短染色时间。染色完毕后，取出织物用清水冲去浮色，晾干。

**2. 酸性染料染色方法** 酸性染料主要染羊毛、蚕丝等蛋白质纤维，也可用于皮革、木材、聚酰胺纤维，酸性染料有强弱之分，根据性能可分为强酸性、中酸性、弱酸性，真丝、皮革、尼龙适合弱酸性染料，羊毛织物适合强酸性染料。

染色方法：根据织物多少取出对应的染料，一般染料为织物重量的0.5%～2%，染料多少决定色彩的深浅；采用少量热水溶解，再加水调成染液；将一定量的冰乙酸（相对于染液0.25～2克/升）加入染液中，再加温到40～50℃；放入事先浸泡待染的织物（水要沥干），15～20分钟内温度升到85～95℃；染色时间根据面料与捆扎的面积来定，一般在30分钟左右。染色过程中须不断搅拌均匀，染色后取出冲去浮色，晾干。

**3. 植物染料染色方法** 植物染要根据不同的染色需求选择不同的植物染料，下面介绍几种具有代表性的植物染料扎染染色工艺。

（1）靛蓝染：靛蓝染是最常见的植物染，也是最具代表性的手工染色。第一步，溶解蓝靛泥，水与蓝靛泥的比例是1：50，稀释蓝靛泥后，再稀释一次；第二步，加入助染剂（草木灰、石灰或烧碱），与染液的重量比为1∶500，再加入还原剂（低亚硫酸钠），配比是1∶200，最终pH值在10～12，搅拌静置5～6小时；第三步，浸染，捞取表面发酵的泡沫，投入织物染色，每隔5分钟取出织物在空气中氧化，反复数次，30分钟后，用清水冲去浮色，晾干。

（2）枇杷叶染：第一步，摘取枇杷深色叶子，用量是被染物的200%～300%，放入被染织物20～30倍的水，加热煮沸转小火30分钟；第二步，制作媒染液，明矾（被染物重量的7%～8%）加水稀释后，先将织物放入媒染液中小火加热20～30分钟；第三步，温水清洗织物再稍脱水；第四步，将媒染过的织物放在事先准备好的枇杷染液中，加热染液至沸腾后小火20～30分钟，根据系扎的松紧确定煮染的时间；第五步，取出染好的织物，用清水冲去浮色，晾干，拆结。

（3）红花染：第一步，先将红花放在非织造布过滤袋中浸泡12小时以上，并洗掉红花中的黄色液体；第二步，配置媒染剂，将碳酸钠或小苏打加水调配成溶液，使得pH值达到10以上；第三步，将过滤过黄色液体的红花浸泡在媒染液中，2小时后拧干红花；第四步，加食用白醋调染液pH值到6.5；第五步，投入染前处理后的织物，加温至60℃，浸泡20～30分钟；第六步，用清水冲去浮色，晾干。

4. *染色技法*　手工扎染可分为单色印染和多色套染，单色印染是在单色染液中染色，有浸染和渐变染色；多色套染包括多色段染、多色滴染、多次捆扎复染。

（1）单色印染：单色印染最常用的工艺就是将线缝捆扎好的织物直接浸泡在单色染液中，染色后的效果是捆扎部位保留原有织物的色彩，没防染的部分染上配制好的染液颜色（图2-31～图2-33）。渐变染色和部分染色，渐变染色是将需要染色的部分放进1/2浸染，然后不断用喷壶喷水让染色部分和原色织物部分逐渐形成渐变；部分染色是将需要染色的部分放入染液中浸染，其他部分放在染液之外（图2-34）。

图2-31　浸染

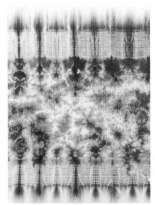

图2-32　中间向外染色

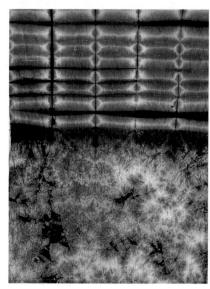

图2-33 单色浸染

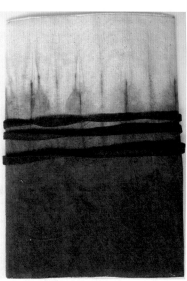

图2-34 渐变部分染色

（2）多色套染：多色套染是在单色印染的基础上再进行的一次染色，多色套染要先染浅色后染深色。第一次扎染的主要颜色以浅色为主，染完后用清水洗掉浮色，一种方式是不拆开原来扎结的部分，可以再用绳子扩大扎结的部分，再进行第二次染色；另一种方式是单色染完拆开后，重新扎结再丢到不同染液中复染，多次重复就可以得到颜色多样的扎染布了（图2-35~图2-37）。

5. **染色后处理** 染色完成后，务必放置一段时间晾干后再拆结（图2-38、图2-39），在带水情况下拆结颜色容易晕染。由于捆扎时较紧密，拆结时要小心地剪去麻绳和皮筋将织物拆结，防止拆破织物。拆开后水洗、晾干、熨烫，前几次洗都会有浮色，属于正常现象。

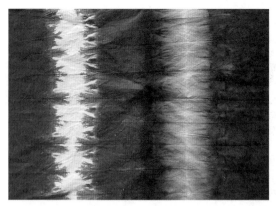

图2-35　多色段染

图2-36　多色套染

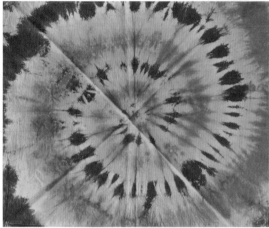

图2-37　多色套染

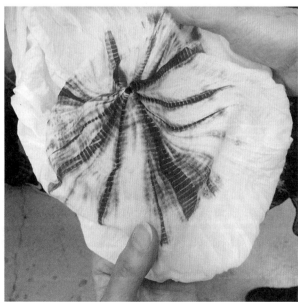

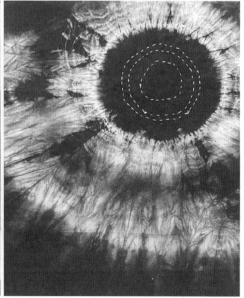

图2-38　染色拆线后处理

图2-39  拆线后处理

## 五、手工扎染作品范例

手工扎染织物由于亲和力强，生活中用途较广泛，多用于服装及服饰品，如连衣裙、包袋、拖鞋等；家用纺织品有抱枕、壁挂、玩偶、桌垫、椅垫等，还有玩偶装饰等。

**1. 服装及服饰配件**

（1）服装扎染：服装手工扎染有两种方式，一是定位扎染，即把裁好的衣片设计好系扎染色的位置，或者是将做好的成衣根据设计得到扎染图案；二是整块面料扎染，再根据扎染的花纹来裁剪服装并缝制（图2-40、图2-41）。

（2）包袋配饰等扎染：扎染包袋是我们常见的传统手工艺，种类也很多，在扎染包袋设计中，几乎天然纤维布艺包都可以扎染。

①拼接扎染：扎染布与其他面料的拼接，衬托出扎染的肌理效果。如图2-42、图2-43所示，把扎染面料作为设计作品的一部分，通过拼接突出手工印染的图案效果。

②手绘与扎染相结合：将扎染取得的偶然效果，联想成其他图案，手绘作为添加纹样，也可以先手绘、后扎染。

图2-40　染色后的面料再裁剪

图2-41　成衣染

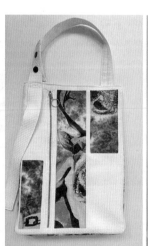

图2-42　拼接扎染包袋

图2-43　拼接扎染公文包

③染布作品：完全通过扎染面料制作作品。运用染色面料，首先分析染色的面料图案特征，适合什么类型的作品再进行设计制作，如图2-44～图2-47所示的包袋、帽子的制作，都是选择适合的扎染图案作为设计点。

2. **家用纺织品**　家用纺织品的扎染运用更为广泛，有抱枕、桌布、杯垫、笔袋、壁挂、折扇等多品类设计（图2-48）。扇面扎染可根据扇子的形状设计扎染纹样，印染后再和扇子骨架合为一体；抱枕设计通常是采用中心图案和角隅纹样，中心图案有心形缝扎纹，角隅是扎结纹样，然后再结合手绘；不对称纹样也是在扎染前设计好不同纹样的比例，再进行扎染和后处理；另外，围裙、玩偶、文具袋等可根据设计的需要将面料染色后再制作成作品（图2-49～图2-58）。

图2-44　扎染手包

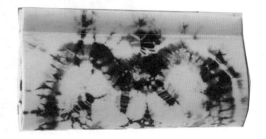

图2-45　印染扎染作品

图2-46　手工印染首饰

图2-47　扎染背心袋、帽子

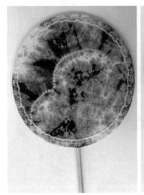

图2-48　扎染扇面

图2-49　扎染抱枕

图2-50　扎染小花围裙

图2-51　扎染书本封面

图2-52　扎染收纳袋

图2-53　扎染玩偶

图2-54　玩偶服装扎染设计

图2-55　扎染人偶针插

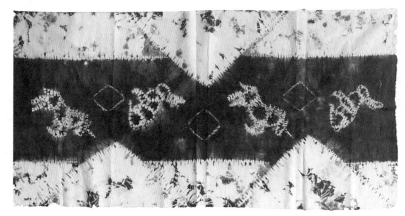

图2-56　扎染桌布

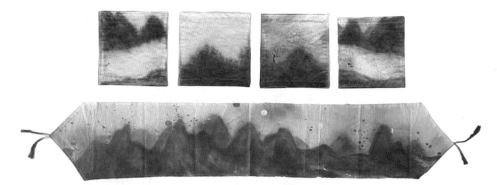

图2-57　扎染杯垫和桌旗

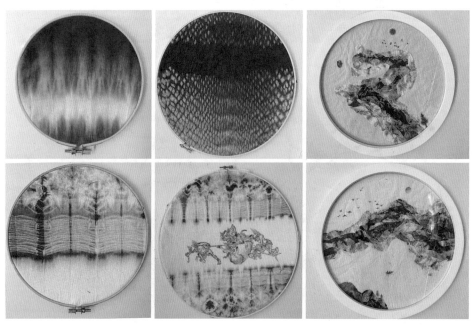

图2-58　装饰扎染壁饰

## 第三节　蜡染工艺

### 一、蜡染概述

　　蜡染在古代又称为"蜡缬"，蜡染与绞缬（扎染）、夹缬（镂空印花）并称为我国古代三大印花技艺。蜡染和扎染一样，也是采用防染原理，蜡染是以蜡作为防染材料，故称为蜡染。蜡染有着悠久的历史，最早出现于秦汉时期，考古学家曾在通往西域的新疆民丰县发现了"蓝白蜡染花布"两片，出土于东汉（公元25～220年）合葬墓中，是我国现存最早的蜡染织物；到了魏晋南北朝时期，蜡染布成为民间常用服饰，不分老幼尊卑；蜡染技艺在隋唐时

图2-59　上蜡

期达到鼎盛，出现了复杂的套染；至宋代以后，蜡染技艺实现了较大规模的批量生产；到了明清时期乃至民国年间，蜡染技艺主要盛行于湘西、贵州、云南、川南等的大部分少数民族中。人们利用随处可见的蜂蜡作为当时的防染材料，并与石蜡一并加工制成蜡液，经加热融化后用特制的蜡刀或笔，蘸取适量染料在棉布上描绘图案（图2-59），然后浸入靛蓝缸中染色，布上的无蜡部分便染成了蓝色，后加入沸水，用氧化洗练的方法脱去蜡质，蓝白花纹即会呈现。

### 二、蜡染工具与材料

　　蜡染所需材料主要包括织物、防染材料、染料和涂料，工具种类繁多，由于民族、地域、风俗的不同，蜡染材料和工具也有着些许不同。

　　1. *织物*　蜡染用的织物一般选用天然纤维，如棉、麻、丝、毛、黏胶类纤维，织物的选择是由染料决定的，蜡染面料厚薄皆可，不同的质感会有不同的染色效果，厚型面料粗犷，柔软面料细腻精致，常用的品种有粗平布、细平布、府绸、帆布、灯芯绒、棉针织布等（图2-60），选用哪一类面料，取决于制作者的设计意图和作品的用途。各类麻混纺面料及毛织物也都可以作为蜡染面料，且有各自的材质特点。皮革、丝绒等材

料近年来也在蜡染制作中有所运用，其艺术特色别具一格。真丝类织物华丽高雅、悬垂性能好、手感极佳、穿着舒适、品种繁多，适合于各类蜡染产品，常用真丝类织物品种有电力纺、双绉（如真丝双绉）（图2-61）、缎类织物（素绉缎、桑波缎）等。制作高档蜡染，如高档时装、床罩、日本和服等，可选用真丝类面料。

2．蜡　蜡染所用的防染材料以蜡类最为常见，众多的蜡材中，常用的是石蜡（图2-62）。蜂蜡是以蜜蜂腹部蜡腺的分泌物为原料提炼出来的动物蜡（图2-63），多用于画细线和不需裂纹的地方，以表现细致的线条和精密的纹样。

石蜡是从石油中提炼出来的呈半透明的矿物性合成化合物，熔点较低、黏度小、质地脆且易碎，较易形成冰裂纹、价格低，防染性能却不如蜂蜡。在实际运用中，一般把蜂蜡和石蜡掺和起来使用，可根据需要调整比例，以达到不同的效果。如果想要蜡纹大而硬时，可多放一些石蜡，如果想要勾出流畅的线条，则可以多加入一些蜂蜡。

3．松香　松香质地脆硬，加温熔化后黏性极大，添加松香的蜡液，可调整和改变蜡的一些特性，增加小的"冰纹"，以弥补石蜡"冰纹"粗大、缺少细小"冰纹"的不

图2-60　棉布

图2-61　丝绸

图2-62　石蜡

图2-63　蜂蜡

足。同样，在蜂蜡、石蜡的混合蜡中加入适量松香，可以取得更好的效果。

4. **染料**　蜡染的染料一般多用的是植物染料、纳夫妥染料、活性染料、还原染料等低温性染料。因为蜡熔点低，不能像扎染直接染料那样可以煮染，所以选择以上低温性染料。

（1）植物染料：植物染料是从植物中提取染料的一种古老的手工染色技艺。可用于染色的植物很多，传统的民间蜡染多采用蓝靛常温浸染，是纯天然活性染料，把割取的蓝草叶放在坑里发酵便成为蓝靛，再将蓝靛用染缸浸染。由于蓝靛制作颇为麻烦，随着社会的发展，蓝靛不能满足市场大规模的需求，故出现了化学直接染料、纳夫妥染料、活性染料、酸性染料及还原染料。

（2）纳夫妥染料：纳夫妥染料又称冰染料，由打底剂（色酚）和显色剂（色基）在纤维素纤维上混合而成，染出的色彩鲜艳，色牢度较高，但耐牢度较差，一般不用于染浅色，因为浅色遮盖力弱，着色不饱和。其染色过程是在常温和低温情况下进行的，较适宜染蜡染产品。

（3）活性染料：活性染料又称反应性染料，分为普通型（X型）、热固型（K型）、乙烯砜型和双活性基型四种。蜡染常用的是普通型活性染料。活性染料的特点是会和纤维上某些基因发生化学反应而形成共价键，可染棉、麻、丝、毛、黏纤等织物。

（4）酸性染料：酸性染料因最初这类染料都需在酸性溶液中染色，故名为酸性染料。酸性染料色泽艳丽、色谱全、染色工艺简便，在化工商店可买到小包装的染料。酸性染料可分为强酸性、中酸性和弱酸性染料，前者用于染羊毛，后两者可用来染丝绸、锦纶、皮革等。

（5）还原染料：还原染料不溶于水，可在强碱溶液中用还原剂溶解成隐色化合物进行染色，待氧化后重新转变为不溶性的染料而固着在纤维上。还原染料分为不可溶性和可溶性两种。不可溶性还原染料染色前需经还原剂在碱性溶液中还原溶解，而后进行染色，染成品耐洗、耐晒，是棉布、麻布及人造棉织物染色的重要染料，也是蜡染染色的常用染料。可溶性还原染料适用于羊毛和丝织物染色，可溶性还原染料有冷染和热染两种，冷染一般在室温下染色。

5. **熔蜡工具**　熔蜡工具是用来将固态蜡熔化成液态蜡的工具，是整个蜡染制作中最重要的工具之一。常用的熔蜡工具为熔蜡炉（图2-64）、酒精炉、电炉、煤气炉、木炭炉、电热丝炉等，其中最常用的为电炉，我国西南少数民族仍采用

图2-64　熔蜡炉

草木火盆来熔蜡。选为熔蜡加热工具的电炉功率不可太大，熔蜡器皿宜选用各类涂搪瓷的锌、铝盆和不锈钢容器，因铜、铁类容器容易影响蜡的附着力和防染力，因而不宜作为熔蜡器皿。熔蜡的可控性和恒温性是保证蜡染制作的关键，将直接影响蜡染的最终效果。当蜡液的温度过低时，则无法保证绘蜡的进行，画出的线条只会附着于织物表面，而达不到防染的效果，甚至造成绘蜡用的铜笔堵塞或绘蜡结块等一系列问题；蜡液温度过高时，蜡液过稀致使流速过快，易造成绘蜡笔触难以控制的局面。适中的蜡液温度在绘蜡时容易把控，蜡液会渗入织物且所画线条会在表面形成明显的凹凸感，如此才能达到较好的防染目的。

### 6. 画蜡工具

（1）铜蜡刀：绘蜡工具在世界各地所展现出的形态迥异，例如，我国西南地区少数民族所发明的一种常用绘蜡工具——蜡刀。铜材料的特性是易传热、易保温，这一热容量大的特点使得蜡能够保持液体状态时间相对长些，且蜡液容易往下流，使得蘸蜡描绘极为方便，并且有利于蜡渗透进纺织品。

铜蜡刀的蜡刀根据铜片大小、厚薄可分为不同的型号，非常适合绘制均匀的点和线条，不同型号的蜡刀描绘出来的线条粗细也不尽相同，其刀柄可用来描绘图案中所需的圆点，熟练掌握铜蜡刀的使用需要较长时间的练习。铜蜡刀的不足之处是：每次蘸蜡液不多，画长线比较困难，反复蘸蜡液制作速度较慢，另外画蜡时容易滴蜡（图2-65）。

（2）蜡壶：蜡壶，在印度尼西亚广泛应用，如图2-66、图2-67所示，就是印度尼西亚蜡染的主要工具。蜡壶的优点是容蜡多，不同粗细的蜡嘴方便画出不同的蜡线。

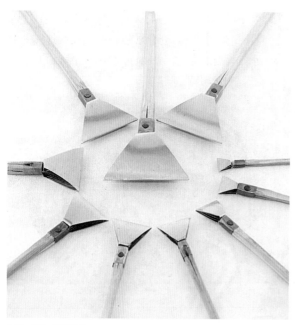

图2-65 铜蜡刀

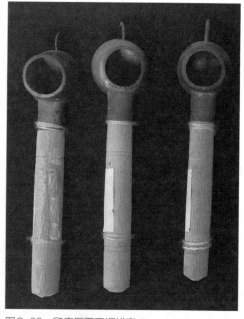

图2-66 印度尼西亚铜蜡壶1

（3）铜丝笔：铜丝笔是东南亚地区蜡染用的绘线笔（图2-68），是非常实用的绘蜡工具，其制作也简单方便。首先取一小段长短合适的木柄，将事先准备好的一小段钢针固定上，然后再用细铜丝缠绕固定在钢针四周，露出针尖即可，不同型号的铜丝笔源于不同粗细的钢针。铜丝笔具有很好的蓄蜡保温性，便于画蜡线条。

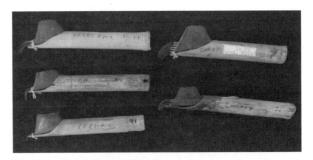

图2-67　印度尼西亚铜蜡壶2

（4）毛笔与排笔：各种类型的毛笔亦是蜡染制作中的绘蜡工具之一（图2-69），它们具有简单轻便、自由灵活、价格便宜、规格齐全等特点，且具有蜡刀和铜丝笔所无法达到的独

图2-68　印度尼西亚铜丝笔

特效果，因而得到广泛的运用，但由于温度下降时蜡液容易凝固，因此用画笔蘸蜡作画每次只能蘸取少许，严重影响了绘蜡的速度。需要注意的是并非所有的画笔都可用作绘蜡，一般要选用笔锋长、笔毛硬挺，且在45～70℃的热蜡中不卷毛的画笔才可以，优先选择小牛毛制成的毛笔，其次是硬性狼毫笔，羊毫笔太软且不耐用，因而不适合用于绘蜡。大面积刷蜡可选择排笔（图2-70），一般选择硬性排笔即可，但由于排笔都是由动物毛制作的，在长时间高温蜡液中笔毛容易变弯或烧焦。

（5）刷蜡型版：除了笔类绘蜡工具外，一些型版也是很好的绘蜡工具。常用的刷蜡型版是利用厚纸板或型纸，以刻纸方式将图案部分镂空，或保留图案部分而将非图案部分镂空，然后刷一遍桐油，使花版坚硬、不吸蜡。之后将其平铺于织物上，再用油漆刷

图2-69　毛笔

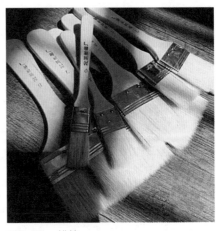

图2-70　排笔

图2-71　画蜡垫板和铲刀

或底纹笔蘸上蜡液，染色后便可产生花纹，这称为型版印蜡法。为了防止蜡液往外渗透，蜡液不宜蘸得太多。

（6）画蜡垫板：画蜡垫板是画蜡时垫在蜡布下面以防止蜡渗透到桌面或其他台面上，搭配铲刀好清理渗出的蜡（图2-71）。

以上介绍的只是一些常用的绘蜡工具，若现有工具未能完美地帮助呈现个人想要的效果，亦可自己创造和制作适合表现的工具。

（7）染色用具：染色用具主要指染色过程中将使用到的辅助工具，一般包括染缸、染盆、染桶、染锅、染棒等。古代先民一般采用陶、竹、木等这类取材容易、制作简单的物品制成染色所需用具，现代人所使用的用具一般为金属制品、塑料制品，简单易购且易保存。

除了基本的染色用具外，一般还会辅助搅拌棒，主要的作用是搅拌、翻动织物，使之吃色更加均匀。我国贵州地区的少数民族大多使用竹、木等来充当染棒，无须专业制作，根据实际需要决定棍棒长短即可使用。

（8）除蜡工具：染色结束后，需要将多余的蜡去除，即可呈现初步的蜡染效果，此步骤一般称为除蜡。除蜡，也称去蜡、脱蜡，主要是利用蜡的低熔点将其加热熔化后再除去，除蜡方法多种多样，不受方式和工具的限制。目前蒸锅除蜡法是最常见的除蜡方法，是将染完色的织物，放入锅中水煮，用搅拌棒充分搅拌，能很快地脱掉上面的蜡，这类方法是民间除蜡的方法之一，常常用于家庭手工蜡染。除此之外，熨斗与报纸也是极为简便的除蜡工具，具体操作是将蜡染后的织物放在两张报纸之间，用熨斗熨烫，使蜡熔化在报纸上，便可去除织物上的蜡，且熨斗还有整理、熨烫、平整面料的作用，不失为两全其美的方法。

（9）其他器具：除了一些最重要的绘蜡和染色工具外，一些辅助工具也是必不可少的一部分，一般还需准备几只塑料盆、塑料桶作为盛装染液用；调色碗、天平、量杯等器具作为配制混合蜡和染液用；塑胶手套作为织物染色完毕从染缸中取出时，挤压多余的染液时用。蜡染工艺源自生活，许多工具也取自生活，因此蜡染工具不拘一格，如若不符合制作效果亦可自行制作。

## 三、蜡染工艺流程

蜡染的设计制作大体上包括：立意、确定设计稿→染前处理→放稿→熔蜡和上蜡→染色→除蜡→后期整理等几个步骤。

1. **确定设计稿** 在正式开始蜡染之前，首先要对蜡染最终将呈现的样子做一个初步判断，最重要的是确定蜡染制品的使用功能；其次对其风格、形象、造型和元素等的形成做初步设想，然后根据这些确定绘蜡技法的选择。最好先画一些铅笔线稿，再用蓝色和白色（蜡染常用色彩）绘制色稿，这样做能有效避免成品制作时出现失误。

2. **染前处理** 织物染前处理即上蜡前的处理，是一个去浆脱脂的过程，同扎染布染前处理，目的是脱去织物中的杂质、油脂、矿物质和色素等纤维共生物，否则织物将难以染色，且会影响染色的均匀度和色牢度等。为保持布面的平整以利于画蜡，最好用白芨或魔芋做成稀糨糊，将布浸于此糨糊中浸透后取出，晾干烫平即可，也可用米汤水浆布。这些"土方"大多数是因地取材，如河南太康盛产小麦，那里的人做织物印染前则用麦粉做成的糨糊。

3. **放稿** 放稿也称为设计稿的转移，即将确定的小稿内容放到与织物同尺寸的纸面上。如果有较强的造型能力或美术基础，也可直接用木炭笔或铅笔将构图轻轻勾画在织物上。若对构图没有把握，则必须将纸上的稿子画到位，再把织物覆在纸稿上用铅笔拷贝下图案造型，织物较厚时可借助拷贝台。

4. **熔蜡和上蜡** 熔蜡常用的方法有直接熔蜡、恒温熔蜡、间接熔蜡。直接熔蜡，是将蜡锅直接放在火上加热，方便简单，但温度控制是关键，蜡温度过高，渗透到背面较多，蜡温低又不容易附着；恒温熔蜡，是通过恒温调控器来控制温度，是比较科学的熔蜡方式；间接熔蜡，在没有恒温的条件下，把蜡放入一个装满水的容器里加热，是通过容器里的温水保持温度的原理。

上蜡前可以选择不同品种的蜡混合配比，蜂蜡、石蜡和松香都是蜡染所需用的材料，蜂蜡柔韧性高、黏性大、防染力强；石蜡质地坚硬、易碎裂；松香质地坚硬、熔化后易变黏，可用作较好的黏合剂。用于线条纤细而蜡纹较少的图案的配方一般为：蜂蜡：石蜡：松香=30：10：1，用于线条粗犷的图案的配方为：蜂蜡：石蜡：松香=25：25：1。具体比例按设计稿来定，以上只是一个参考。

上蜡，即通过各种绘蜡工具将蜡液按照事前设想的图案纹理绘于织物上（图2-72、图2-73）。需要强调的是，在织物完全干燥的情况下才可绘蜡，因为织物在干燥的状态下最容易吸蜡。绘蜡时，垫上蜡垫板或者垫上几层废旧报纸等，以防蜡液滴脏织物。

（1）绘蜡：绘蜡的方式多种多样，其中用画笔绘蜡的技法最容易掌握，一般包括毛笔、排笔、蜡绘笔等，是最富有变化和表现力的绘蜡技法，能实现各种细微部位的绘制，诸如大小不同的花纹、细而长的各种线条、精细的小点、细微的人物表情等。

蜡绘笔在装蜡时应充分浸入蜡液，使得储蜡杯盛满。最重要的是一定要掌握好合适的温度，不能过高也不能过低。温度过高，蜡液流速过快而到处流动，容易损坏纹样的完整，更主要的是由于蜡液过于稀落在画面上太薄，起不到防染的作用；温度过低，蜡液则无法渗透到织物里，只是浮在织物的表层，也起不到防染的作用，并且还会堵塞蜡绘笔

图2-72　画稿

图2-73　上蜡

嘴。因此只有适宜温度的蜡液附着在织物上才能起作用。可是随着操作时间的延长，蜡液会逐渐冷却，所以笔蘸蜡液以后，要迅速果断地描绘图案，同时注意描绘准确、线条流畅且有笔触，这样才能显示出艺术性。同时，在绘蜡的过程中，可以用左手拿一张纸板在蜡绘笔下端，以挡住笔尖滴落的蜡液。遇到蜡绘笔因蜡的温度太低而被堵塞时，可先将蜡锅中的蜡液加热，再将蜡绘笔放入蜡锅内，当蜡液升温到轻微冒烟时，即可重新使用。

毛笔因多数为动物毛制成，因此使用毛笔时应注意，不要将毛笔放进温度过高的蜡液中，以免将笔毫烧坏。用新毛笔时要先用手把笔毫捻开，切勿蘸水，在刚刚化开的蜡液里蘸一些温蜡，冷却后再蘸一些，反复几次，待蜡液温度适宜时即可开始绘蜡。蘸蜡方法是将笔毛伸入蜡液的中部直至漫过笔毛腰部即可，蜡液可自然滴落为宜。

（2）泼洒蜡法：中国画中的泼彩法和此处的泼洒蜡法具有异曲同工之妙。具体的操作方法是将织物熨烫平整后紧绷在画框上，将熔化的蜡液随意地泼在织物上，创造出抽象写意的图案，也可利用随意产生的蜡块形象，加以画龙点睛，将产生出神奇的艺术效果。同样，也可多次泼蜡，多次染色，产生多彩的作品。

（3）冰裂技法：自然冰裂法，是将绘好蜡的织物浸入染液中利用棍棒翻动搅拌，在搅拌的过程中蜡会碎裂从而形成自然冰纹。冰纹的多少与翻动的次数、轻重有关，但冰纹的部位却不易控制。折叠冰裂法，是将上蜡织物进行部分或者整幅的折叠，使蜡开裂，亦可通过不同的硬物使织物形成不同的折痕。敲打冰裂法，是将上蜡织物皱折后，轻轻敲打使蜡开裂产生冰纹。冷冻冰裂法，是将绘蜡好的织物，放入冰箱冷藏室中冷冻10分钟，取出后用手揉搓制造冰裂效果。刻画冰裂纹，是利用尖利物在已上蜡的部位按意图进行刻画，使之产生冰裂。

（4）型版盖印法：型版盖印法，在东南亚、印度多用此法，铜版印模花纹设计好后，运用铜的热传导性能，将铜版印模蘸上热蜡，用快速盖印章的方法盖在织物上，得到重复的连续纹样。同学们练习时可以将图案画在硬纸板或较厚的牛皮纸上，刻出镂空图案，然后覆盖按紧在织物上上蜡，镂空的部分就是防染的花纹图案（图2-74）。

5. **染色**　蜡染的染色要根据不同的染料性质确定染色方法，根据前文介绍可知，

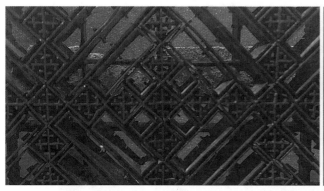

图2-74  印度尼西亚型版印

有植物染料和工业染料，根据扎染工艺介绍可知，常用纳夫妥染料作为蜡染染料，由于蜡熔点低，所以要选择适合冷染的染料。纳夫妥染料又称为冰染料，是由打底剂和显色剂组成，以染蓝色为例，打底剂色酚AS，显色剂色盐蓝VB，配打底剂时，首次配方量要大，染液保留不倒，第二次可根据布量适量增加。

第一次：色酚AS 80克，约40%（36°Bé）NaOH（氢氧化钠）80毫升，色盐蓝VB 120克，此配方可染4开大小的蜡布26～30块。第二次：色酚AS 40克，约40%NaOH（氢氧化钠）40毫升，色盐蓝VB 60克，此配方同样可再染4开大小的蜡布26～30块，若布多染料适量增加。

打底液和显色液分开装，不可混合，先打底，温度在30℃左右，蜡布充分浸泡30分钟，然后显色，色盐蓝VB在显色前一定要将蜡布上的打底液用卫生纸吸走，显色15分钟，中途要翻一翻，让布充分浸泡，然后用清水洗去浮色，放开水锅里煮（可加适量洗衣粉），可以准备2个锅依次用，少量蜡还可垫卫生纸用熨斗熨掉。

注意：石蜡可以放在不锈钢盆或搪瓷盆里，蜡温控制在70～80℃，冒烟就要关火，或调低温度，但温度低了，蜡浮在布上，以后不好染色；笔蘸上蜡画在布上，蜡液要穿过布面，温度过高，笔会烧焦，当蜡刚融化时把笔放入蜡液里保护一下再拿出来；放入打底液前，要让布先在清水里浸透，让纤维舒展了好上色。

另外蜡染过程中，冰纹的处理也非常重要，由于织物上的蜡液冷却后会凝结干硬，其脆裂的细微缝隙染后会出现冰裂状的细纹，形成自然的类似冰裂的效果，因此被人们称为"冰纹"。也可以在未染色之前做一些冰纹（图2-75、图2-76）。

国产X型活性染料染色时，先将染料用少量温水化好，再稀释至要求，同时加入适量食盐促染，棉质蜡布把涂蜡的布料放在染液中，浸染40分钟左右，并不时搅拌布料，然后加入纯碱固色，20分钟后取出，用清水冲洗至净。丝质蜡布用弱酸性染料染色，先将染液用醋酸调节至pH=5～6，用少量温水化好染料，再倒入染液中，加入涂蜡的布料并不断翻动，1小时左右取出，然后冲洗至净。

图2-75　冰纹（邬红芳老师指导）

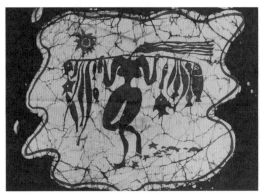

图2-76　纳夫妥染料染色（邬红芳老师指导）

采用直接染料或酸性染料浸染时必须在室温下进行，浸染后的蜡染织物，晾干后要采用吸附法熨烫脱蜡，并要蒸化处理才能使染料上染，还应有一定的色牢度，不可采取煮的方法脱蜡。直接染料或酸性染料的溶配是先称出所需染料粉，用少量的水调成浆状；再加入沸水将其搅匀，配成所需浓度即可。浸染时，直接染料用食盐作为促染剂，酸性染料的促染剂可用冰醋酸。

6. **除蜡**　除蜡是将多余的蜡去除，即可呈现出初步的蜡染效果，也称为去蜡、脱蜡。

（1）烫蜡吸附：烫蜡吸附主要是利用熨斗脱蜡，在蜡染后干燥的织物上下各垫一层吸湿性很强的纸，如常见的废旧报纸、书写纸和毛边纸等即可，这样做主要是避免蜡直接和熨斗接触而黏附在熨斗上不易清理。通过熨斗发热在盖有纸的织物上来回移动熨烫，织物上的蜡将随着高温熔化释出而附着到纸上，重复几次动作，直至完全去蜡。熨烫时应注意及时更换已饱吸蜡液的纸，直至蜡液脱净为止。但这种方法要做到蜡的完全清除较慢，不仅不能回收蜡，还会浪费大量的纸张，且只适用于直接染料和酸性染料染色的作品，因此并不常用。

（2）开水煮蜡：开水煮蜡是较为常用的脱蜡技法。将染色后的蜡染织物浸泡入沸水中烧煮5~10分钟，丝织物3~5分钟即可，待蜡熔化，将织物捞出水洗固色。在操作过程中，为了使蜡完全去除，应在浸煮时不断搅拌翻动织物，使沸水浸煮到织物的每个部位，若织物上涂蜡面积较大，一次沸煮脱不干净，还可以进行多次浸煮直至脱净为止。此外，用沸水浸泡多次，也可脱蜡。脱蜡后的织物还要进行水洗、皂煮水洗，然后经过晾干、熨烫等一系列整理后方可使用。

**7. 后期熨烫和装裱** 经过上述处理的面料需要进一步去除浮色，即热水皂洗，将已经去蜡的织物融入皂液中充分浸煮，再用清水洗净烘干，最好用熨斗整理熨烫，一件完整的蜡染作品即完成（图2-77、图2-78）。蜡染制品完成后，还可根据需要进行装裱，以提高装饰效果。

蜡染作品的原理是通过蜡不溶于水来防染，我们知道化工石蜡比较脆，容易形成裂纹。冰纹的多少决定于设计效果，蜂蜡黏性强，不容易产生裂纹，在一些少数民族蜡染作品中，很少看到冰纹，她们认为冰纹是因为没有染好才导致的。在蜡染过程中，要根据不同的图案特征选择蜂蜡工具，在多彩色蜡染作业中，一般是先上色再去封蜡印染，也可以脱蜡后再上色，那样则没有自然冰纹效果。蜡染不同于扎染工艺，主要是印染的效果，蜡染对图案的要求更细致化，细到点和线，而扎染由于捆扎方式和水煮温度、时间不同会形成偶然性效果。

图2-77 蜡染作品（邬红芳老师指导）

图2-78　先手绘图案、色彩再封蜡染色（郐红芳老师指导）

# 第四节　型版染工艺

## 一、型版染概述

　　型版染是指借助型版来完成染色的过程，运用豆粉和石灰水调制成的防染浆涂在镂空版的织物上作为防染剂，这是一种物理防染工艺。型版染分为灰缬和夹缬，灰缬又称为蓝印花布，是古代型染技艺的代表，有多种不同的名称，如灰缬、药斑布、浇花布、蓝印花布等。型版染古代称为"灰缬"，是因为用草木灰、石灰制成防染剂，故而称为"灰缬"。以型版为工具又分为镂空版和凸纹版。在镂空版中又有纸质镂空版（用于蓝印花布、彩印花布、日本型染等）与木质镂空版（用于夹缬等）的区别，镂空版的版体宜薄，有利于均匀地涂刮防染浆，凸纹版版体可稍厚，以便于压印施力均匀。都是借助于一定的"型"，都可以称为型染，型版染的制版工艺由版纸加工和刻版两部分组成，同样通过防染的原理达到印花效果。

## 二、蓝印花布的印染工艺

### 1. 工具和材料

　　（1）面料：面料的选择和之前扎染、蜡染没有什么区别，棉、麻、丝类天然纤维均可使用，均匀地吸收染料，同时还要平滑坚固，能够承受刮浆及之后的刮灰。设计者可以根据自己的设计意图选择最合适的面料。

（2）刻版材料与工具：

①制作花版工具与材料：纸张和刻刀，选择有韧性不易折断的桑皮纸、高丽纸、贵阳皮纸等，现在也常用厚的牛皮纸代替；刻刀分斜口单刀、双刀、用铁皮自制的圆口刀（俗称"铳子"）三种类型，单刀主要用来刻面，双刀可以刻出宽窄一致的线，铳子是制作圆点的工具（图2-79）。

②刮浆用具：刮刀，刮去防染浆的工具，通常称为刮刀，在江浙一带刮刀一般用铁锻造而成，手柄为木制圆形；在湖南、湖北亦有用牛角和木板做成的（图2-80）。

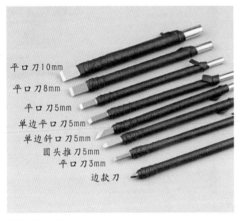

图2-79　刻刀

图2-80　刮防染浆的工具

（3）防染糊：型染常用黄豆粉、石灰粉等防染浆防染。

（4）染料：同以上扎染、蜡染染料，即植物染料、直接染料或活性染料都可。

（5）其他：桐油、刷子、牛皮纸、白颜料、毛笔等。

2. **型染制作的工艺流程**　型染制作的防染工艺原理，是将刻好的镂空花版，放在布上，然后在镂空部位填刮防染浆以达到防染效果。防染浆一般是由黄豆粉与石灰粉配比后，加水调成糊状而成。镂空图案填补的防染浆晾干后，投入缸内染色，染后的布呈现深蓝色，染好的布去掉灰浆，形成蓝白相映衬的图案。

（1）坯布精练：染前面料处理同前面扎染和蜡染工艺，一般要用沸水精炼除去杂质。在清水中加入适量纯碱，一般纯碱与水的比例为1：40，将水加热至50℃，再把面料放入水中继续升温至100℃，轻轻搅动，将面料在水中浸泡5分钟，漂洗后脱水、晾干。

（2）制花版：花版分为裱纸和刻纸，刻花所用的纸板，一般由3～5层纸裱制而成，贵阳皮纸或桑皮纸较薄，需要2～3层，高丽纸较厚仅需1～2层。将刷裱平整的纸晾干，再刷一层熟桐油，待干后压平即可。刻版，是把起好草图的纹样用复写纸拷贝在将要镂刻的纸上。镂刻时，刻刀需竖直，力求上下层花型一致，如果需要圆形的点可以使用铳子来刻。纸板下常垫有木板不容易伤刀口，刻画自如。而铳纸板时，下面垫的是银杏树木墩，银杏树木质硬且松，不容易伤铳口。刻好的花版继续上桐油2～3遍，桐油起到加固和增加韧性的作用（图2-81、图2-82）。

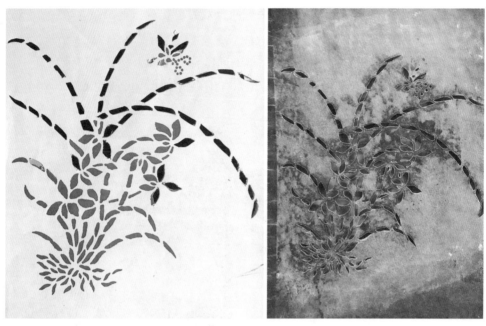

图2-81　花版制作（摄于南通蓝印花布博物馆）

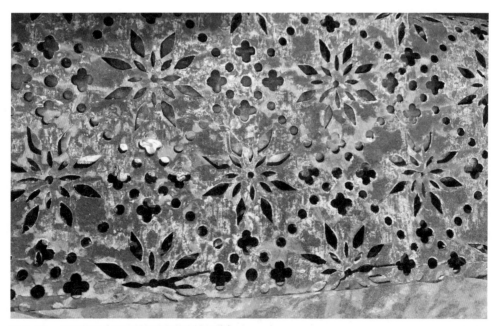

图2-82　桐油花版（摄于南通蓝印花布博物馆）

（3）做防染浆：

①黄豆粉与石灰配方。黄豆和石灰配方比例不同，效果也有所差异，常用的有三种配方。第一种配方，石灰和黄豆的比例是7：3，加水慢慢调和成糊状，随时用随时混合调制，这种方法经济方便。第二种配方，石灰和黄豆的比例是8：4，再加一个蛋清的配方，增加黏稠度。第三种配方，在石灰中拌入水豆腐，发酵、搅匀，调成糊状，石灰和黄豆的比例约为2：1，以上三种配方都可以使用（图2-83）。

②糯米粉与石灰粉配方。糯米粉防染糊的特点是颗粒细腻、黏性强，适用于花型、线条细小的图案。具体配方如下：糯米粉0.85千克、米糠0.6千克、细盐0.2千克、石灰粉38.5克、水约0.6升为一个配比单位。米糠、盐、石灰粉均要用20~30目筛子过筛，筛出细粉备用。首先将糯米粉、米糠、细盐、石灰粉依次倒入，加入冷水，搅拌均匀；其次将其捏成一个个窝窝头状，放入蒸笼用旺火蒸2~3小时；再次待面团蒸透后，趁热用木棍捣烂，边捣边添入少量的开水，捣至没有核块的烂糊状后将其盛入容器桶中，上面注入10厘米厚清水一层，糯米粉防染糊的母浆就制成了。到需要印糊时，取母浆一份，加适量的水稀释，充分搅拌均匀，以用手捧起浆液能垂至1米左右不断为好（图2-84）。

（4）刮防染浆：刮浆前先将坯布洒水后卷好，使之为半湿状态，然后把刻好的花版放在白布上就可以刮浆防染了。刮浆用力要均匀，把刮好浆的白布，拿出去晾干，不要在太阳下直晒，布与布之间不要粘连（图2-85）。

（5）手工染色：蓝印花布通常用发酵过的蓝靛泥来进行染色，染色前先将竹篮放入染缸之中，以防止所染的布沉入缸底时泛起缸脚，影响染色效果。然后将晾干后的布料放在水中浸泡，直至将面料上的浆料浸湿发软，即可下缸染色。面料下缸浸泡15分钟后取出透风，氧化10分钟。根据面料的不同和气候变化以及需要的效果可调整下缸和氧化的时间以及染色的遍数，夏天时间短一些，冬天时间略长一些。

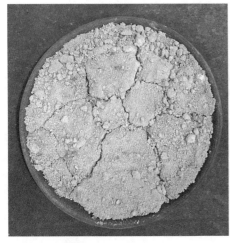

图2-83　黄豆粉和石灰粉配方

图2-84　防染浆（摄于南通蓝印花布博物馆）

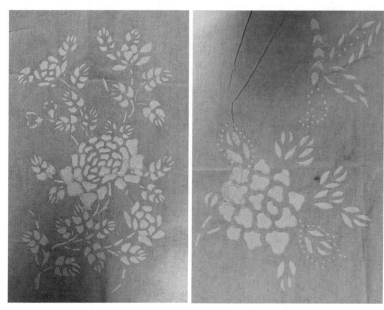

图2-85　刮好防染浆的白布

（6）晾干刮灰：刮灰，就是将布料上的浆料刮掉，使面料呈现白色的花纹。将面料在木板上摊平，手握特制的两头均呈圆形的刮灰刀或家用菜刀，以倾斜45°角的刮灰刀缓缓地将灰浆刮去（图2-86）。

（7）清洗、晾晒：面料经刮灰后，需要清洗2～3次，把残留在布面上的灰浆及浮色清洗干净，晾干即可（图2-87）。

图2-88～图2-90为蓝印花布完成作品。

图2-86　刮灰

图2-87　晾干

图2-88　蓝印花布布鞋、大襟衫（摄于南通
蓝印花布博物馆）

图2-89　蓝印花布现代设计（摄于南通蓝印花布博物馆）

图2-90　蓝印花布折扇现代设计（摄于南通蓝印花布博物馆）

## 三、夹缬印染工艺

夹缬与传统手工防染技艺绞缬、蜡缬一起被称为"三缬"而闻名于世。夹缬手工印染工艺属于镂空型版双面防染印花技术，是一种古老的手工印染技术。"夹缬"始于秦汉时期，盛行于唐宋。宋代时，朝廷指定复色夹缬为宫室专用。进入元明后，逐渐被工艺相对简单的油纸镂花型染所取代，也就是后来的蓝印花布，浙江温州市苍南县民间至今仍断断续续地保持着这种最古老的织染工艺。夹缬手工印染原理是将织物夹持于镂空版之间加以紧固，将夹紧织物的刻版浸入染缸，刻版留有让染料流入的沟槽使布料染色，被夹紧的部分则保留本色。《辞源》释"唐代印花染色的方法，用二木版雕刻同样花纹，以绢布对折，夹入此二版，然后在雕空处染色，成为对称花纹，其印花所成的锦、绢等丝织物叫夹缬"。

**1. 夹缬制作工具** 夹缬印染制作工具有几个阶段。首先是雕刻花版，雕版主要材料有木版、纸张、糯糊，工具有雕刻刀具、锅子棒、钻头、刷子等；染料靛青制作材料有靛蓝枝叶和石灰石，工具有竹棍、靛耙、木桶、密筛等；印染工具主要有染缸、元宝石、杠杆组、染布棚等。

**2. 夹缬工艺流程**

（1）雕版制作：雕版首先是木板处理，磨平后经水浸泡，然后贴印有图案的粉本熨平，雕版纹样以传统戏剧中的人物形象图案和花鸟走兽吉祥图案等为主，雕刻纹样、刷石墨、拓回粉本、通水路等（图2-91）。

（2）靛蓝制作：面料的准备，传统棉布幅宽较窄，一般宽50厘米，将干净的棉布水煮，称为生布煮成熟布；晾干，等分折成40厘米长左右，做好标记，卷在竹棒上。

（3）染液配置：将靛青染料分数次加入水缸，均匀搅拌，使靛青发酵，缸水温度以15~20℃为宜，正常呈黄色，同时以石灰调节靛青水的酸碱度，一

图2-91 夹缬雕刻型版

般沉淀6~8小时，待缸水呈碧绿色，即可浸染、浸泡、打花、过筛、沉淀等。靛蓝沉淀后去掉上部的水，再进行过滤，靛蓝膏就制成了，然后在恒温室内保存，并在靛蓝膏中保持足够的水分，用时加入发酵剂及发酵培养剂，即成为植物染料，靛蓝用于染缬。

（4）装布于雕版：将折叠好的坯布夹在雕版中上箍，对照棉布上的标记，将布依次铺排于17块雕版之间（一副雕版17块，正好夹印一条被面），然后拴紧雕版组框架，拧实螺帽，用铁箍套住整组夹版（图2-92）。

（5）入缸染色：利用杠杆吊雕版组入缸，开始染色。浸染半小时左右，吊离染缸，

于空中稍做停留；进行第二次浸染，然后将雕版组上下翻转，做第三、第四次浸染。

（6）卸布洗晾：将布从雕版上取下，用清水冲洗表面浮色，卸下布版组上的铁箍，将布取出，然后在高竹架上晾干（图2-93）。

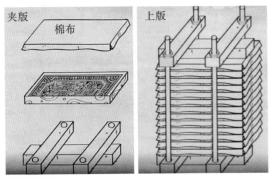

图2-92　装布于雕版　　　　　　　　　　图2-93　夹缬印染作品

# 第五节　手绘工艺

## 一、手绘概述

手绘是织物纹样染色最原始的装饰艺术方式。根据史书及相关文献、考古记载，早在三四千年前我国的商周时期即出现了关于手绘的服装和帷幔，从现今发现的清晰可辨的图案和色彩中可以看出，当时的手工绘染已达到一定的高度。手绘，即古时所称的"画缋"（"缋"即是绘）。手绘艺术最大的特点是自由、随意、方法简便，手绘的绘染技艺只需简单的绘制工具。手绘与扎染、蜡染结合应用较多，手绘好设计的图案色彩再去系扎、封蜡，可以达到丰富的手工印染视觉效果。

## 二、手绘材料和工具

1. **面料**　适合手绘的纺织品面料的种类较多，包括天然纤维和化学纤维以及皮革等非纺织纤维都可以用于手绘。手绘的颜料品种多样，不同性质的手绘颜料适合不同的织物。

2. **色料及助剂**　手绘在工具、材料的选择上，往往采用特制的染料和颜料，不同染料和颜料根据自身特性的不同，搭配的促染剂和固色剂也不尽相同，目前通用的手绘染料和助剂如下：

直接染料：促染剂为食盐，固色剂为 Y。

酸性染料：促染剂通常为冰醋酸，固色剂为 Y。

活性染料：促染剂为食盐，固色剂为纯碱。

直接手绘的颜料：纺织品颜料（如马利牌）、丙烯颜料。

3. **画笔** 用笔的技法则根据手绘画法的需要进行选择。勾线、晕染毛笔；不同型号的底纹笔，用作大面积涂抹的油画笔、水粉、水彩画笔等；漏斗笔、自制塑料软管笔等，可绘制防染糊料的隔离胶手绘笔。

4. **绘染器具** 涂料盛器和染料器皿，如搪瓷、玻璃器皿等，或是由塑料制成的杯子、桶、盘子及调色盘等。量杯、量筒和称色天平等，用以配制染绘材料。用于加热溶解染料的电炉、电吹风、电熨斗，用于蒸布的蒸煮锅等。拷贝台、手绘桌。

## 三、手绘工艺流程及技法

手绘的方法和技巧具有独特而丰富的艺术表现力，首先是表现在绘画形式的多样性上，大致可概括为中国传统绘画式手绘方法和西方油画式手绘方法。其次是从工具材料（染料、颜料）的使用上看，往往采用涂料手绘法、染液手绘法和色浆手绘法等。

1. **手绘的工艺流程** 首先将设计稿、彩色效果图打印出来备用，然后在织物上用水溶笔或铅笔淡淡绘出样稿的图案轮廓；其次配好染液或者纺织品颜料，手绘绘制图案；最后整烫后处理。

2. **手绘的基本技法**

（1）涂料手绘法：通过网印涂料色浆结合黏合剂、乳化糊等调制而成的涂料手绘，其用水作为稀释剂结合研调。由于涂料手绘的黏稠度比较高，区别于染料溶液那样容易渗化，因此在染物上应用容易控制线面的造型，其使用方式可晕染亦可平涂，色泽鲜艳且色谱齐全，故其可作为纺织品手绘的完美使用工具。受制于它的涂料特制而不是染料，因此无法与织物纤维产生亲和效应，必须依靠黏合剂的帮助机械地黏合在纤维上。因此，用涂料手绘的纺织品不如染料绘染的织物手感柔和，故在绘制过程中禁止涂抹太厚，以避免其凝结起皮膜，影响手感和形象效果。涂料手绘涉及的范围有棉、麻、丝、毛、人造纤维及一些化纤织物。普遍绘制于薄型染织品抑或是针织品类，绘制时也可利用电风吹，在作画时辅助控制笔墨的晕化，进而起到固色的作用。由于涂料手绘法方便绘制线形明确的纹样，也可描绘工笔及大小写意的花鸟装饰，因此与中国画具有异曲同工之妙。

（2）染液手绘法：染液手绘则是通过浓度不均的染料溶液进行绘制，它以在染织品上绘制装饰纹样而得名，由于纤维的种类差异对染料的适染性能也会产生影响，因此参照各织物品种而考虑染料的适用性是极其关键的环节。普遍的做法是棉、麻和人造纤维织物选用直接染料、活性染料；丝、毛纤维织物选用酸性染料等。这些染料由于色谱齐全、色相明确，故在染织品上容易直接展示色彩效果，且其调配选色亦容易掌握复色和间色的效果，是手绘理想染料的代表。另外，这些染料的实质都是水溶性的染料，因此染料溶液在染织品上有出色的渗透感。色相间具有差异的染液可以彼此结合，其结果会形成多种复色、间色，以此产生各个色调间的复杂有趣的变化。诚然，染料溶液的渗化性强，因此也容易削弱手绘者对笔触形象的控制。防染法、泼彩法和晕染法是染液手绘的三种方法。

①防染法：防染法是为了使染织品表面产生造型和装饰纹样，其方法是首先勾画出装饰纹样的边界轮廓线，随即在封闭的轮廓线内填涂染液。在此需要警惕的是在填涂的过程中切勿贴近边界线（轮廓线）下笔，需保留一定的留白空间以免让染液自动渗化到轮廓线，如出现涂染过头的情况，涂染的液体极易透过防染线流入其他色域，此结果就是打碎了原本意想中的色彩计划。利用树胶乳液（橡胶）或防雨胶加海藻酸钠糊的防染剂可提高防染剂的黏稠度。采用漏斗笔对绘画进行挤压，可以起到防染的作用，而通过蒸化水洗后可得到白色花纹线。如要彩色线时，在防染剂中加上需要的色彩即可。

②泼彩法：利用不同色相、明度的染液，再以阔笔根据设计构想在染织品上快速涂抹是泼彩技法的最大特点。具体来说就是通过染液自然渗化、流动，并且趁其未干再撒上食盐或硫酸铵、尿素等电解质，进而使聚集、沉淀的染液形成万彩多变的奇景色彩，其结果往往能产生出乎意料的多变色彩。

③晕染法：晕染法是色彩之间的自然融合、渗透，其结果常常有含蓄朦胧的变化，产生类似于中国画中强调的"气韵生动"的美学意蕴。染液手绘的整体风格就像西方绘画中的水彩画法，因色彩明亮、清爽而又含蓄多变，故该画法也被称之为水彩式的手绘。在绘制过程中，染织品必须紧绷在框架上或用木夹棍夹住织物的两端，腾空拉紧使其平整，当染液刷上去时能均匀流动。如织物不能绷紧，染液的重量会造成布面弧形下陷，染液向低处流动、积存，影响绘染效果。

（3）色浆手绘法：色浆手绘法是将染液用印染糊料加以调和成色浆、糊料以作为染料的传递剂，从而起到染色过程中稀释、分散和匀染的作用，并能使染液失去流动渗化的特性。在利用色浆绘制之前，需将织物绷在木框上，或用木夹棍夹住两端，拉紧固定，如同染液绘法。亦可利用手绘台进行操作，在织物的下方放置衬垫布或纸，同时也需警惕不必要的色浆的流入从而破坏了整体的画面效果。

## 四、手绘作品范例

### 1. 服装及配饰手绘作品

（1）服装手绘：服装上运用手绘技法以达到装饰服装的效果，手绘灵活便利、可创作性强，是旧衣改造中常用的技法。服装上手绘有两种方法，一种是在面料上手绘再定位裁剪缝制，另一种是在成衣上手绘。服装上手绘避免涂料或颜料的硬度，选择稀释的染液来绘制，绘完后垫纸熨烫（图2-94、图2-95）。

（2）鞋包等手绘：鞋包手绘也是服饰品设计中常用的工艺表现，鞋包材料不一样，手绘效果也不同，常用的有皮革材料、帆布材料、其他纺织材料等。鞋包等配饰不直接接触皮肤，往往不考虑其舒适度（图2-96）。运动鞋手绘纹样，运用纺织品颜料绘制常采用勾线、晕染、平涂的表现技法（图2-97）。

图2-94 针织T恤手绘纹样

图2-95 衬衫上手绘

图2-96 手绘包袋

图2-97 鞋面手绘

**2. 家用纺织品手绘作品**

（1）抱枕手绘：手绘抱枕是我们练习手绘最常用的方法之一。首先裁好抱枕大小，如果是天然纤维，要考虑到缩水率，在织物上绘出设计稿轮廓，然后上色（图2-98）。在白色棉布上手绘图案，采用勾线、晕染、平涂等手绘技法；丝绸面料上的手绘图案，细腻精致；黑色棉布上手绘的藤枝花图案，色彩对比强烈，具有很强的装饰效果，扎染后面料再结合手绘，层次丰富。不同的材料与不同的图案表现，各具特色。

（2）挂件手绘：墙上挂件手绘，一般是正方形或长方形的手绘装饰挂件，也有不同形状的手绘挂件，儿童房间的挂件会结合不同动物形状来制作（图2-99）。

图2-98 手绘抱枕

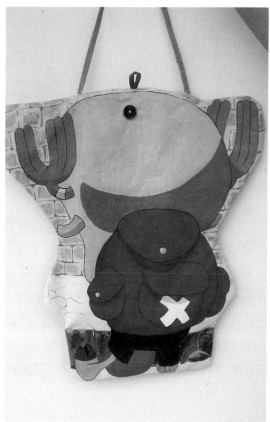

图2-99　手绘卡通挂件

## 小结

　　传统手工印染工艺中的扎染、蜡染、型染的共性都是采用防染原理，要在学习中围绕防染方法进行实践教学，拓宽思路；学习多种染色工艺的综合运用，大胆尝试不同种扎染、蜡染、型染和手绘的艺术表现，并结合服装、服饰、家纺产品设计的实践。

## 思考与练习

　　1. 手工印染的工艺特点，现代设计如何结合传统手工艺？

　　2. 扎染工艺实践，单色、多色套色扎染练习实践，并运用到设计作品中。

　　3. 蜡染工艺实践，单色、多色结合手绘练习实践，并运用到设计作品中。

　　4. 手绘实践，并运用到设计作品中。

# 第三章　编结工艺

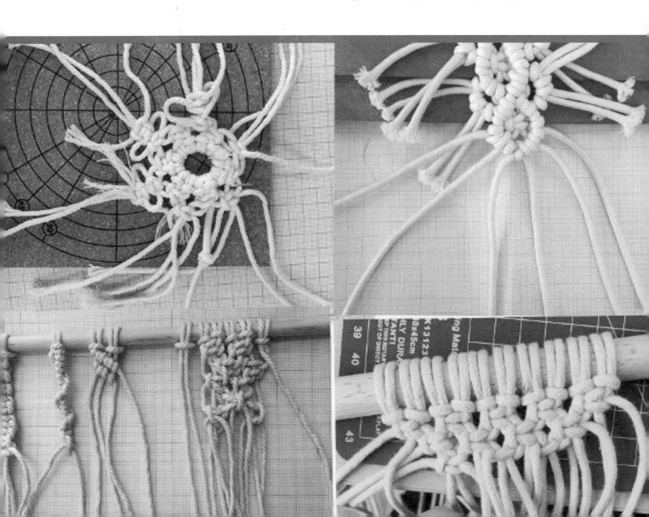

编结艺术是古老手工艺之一，几乎与人类的历史同步，据《易·系辞下》载："上古结绳而治，后世圣人易之以书契。"东汉郑玄在《周易注》中道："结绳为记，事大，大结其绳，事小，小结其绳。"可见在远古的华夏土地上，"结"被先民们赋予了"契"和"约"的法律表意功能。汉代玉佩结饰、唐代仕女腰带上的蝴蝶结，一直传承到现代的结艺装饰，代表了中国悠久的历史，符合中国传统装饰的习俗，故命名为中国结。这些结常有吉祥的寓意，每一个基本结又根据其形、意命名，把不同的结饰互相结合在一起，或用其他具有吉祥图案的饰物搭配组合，就形成了造型独特、绚丽多彩、寓意深刻的中国传统吉祥装饰物品。常用的有双钱结、纽扣结、琵琶结、团锦结、十字结、吉祥结、万字结、盘长结、藻井结、双联结、锦囊结等多种结式，传统的编结工艺常常被应用到服饰和家用纺织品装饰上，如编织包袋、服装、服装上的布纽盘扣等。

# 第一节　编结工艺概述

中国结是编结艺术的代表，学习结艺要从简单的基础结开始编结，在学会常用的基础结的方法以后再学习组合结，最后应用到设计作品中去。基础结有：同心结、平结、十字结、双钱结、万字结、酢浆草结、双扣结、纽扣结、柱形结（单边套环结）、左斜卷结等；组合结有：如意结、双回盘长结、蜻蜓结、蝴蝶结、五福结等。结艺的重要特征是用绾、结、穿、绕、缠、编、抽等多种工艺技法循环有序地变化出来。

## 一、编结工具与材料

1. **编结工具**　手工编结可以不借助任何工具，仅靠一双巧手，通过手指和手掌翻动穿梭，盘绕编结成结，但复杂的结可以利用大头针辅助固定线路，也可以借助镊子和钩针来辅助穿线，剪刀配备用于剪线。结编的主要辅助工具如下：

大头针：编织较复杂的结形时，用来固定线的走向，便于编结。

泡沫板：厚度最好在2厘米以上，固定大头针辅助编结用。由于泡沫容易扎坏，一般用布包住表面。

剪刀：剪线头用。

镊子：用于辅助穿、压、挑绳线。

针、线：固定结形时可用针、线缝牢。

胶水或胶带：用于固定绳线尾端。

挂线杆：用于壁挂编结挂线。

木框架：用于经纬编织。

2. **编结主要材料**　广义上的线型材料都可以用于编织，不仅包括天然纤维和化学纤维，还有金属纤维、塑料纤维等；狭义上通常指绳子，绳子也是初学者易掌握的主要材料，绳子材质多样，包括丝、棉、麻、尼龙、混纺等。绳子的选用要注意其光泽度和韧性，线的硬度要适中，如果太硬，不但在编结时操作不便，结形也不易把握；如果太软，编出的结形不挺拔，轮廓不显著，棱角不突出。线的粗细适合不同的作品风格，粗犷的配粗线，细腻精致的配细线，常用的中国结绳有：

尼龙绳：适合编较硬挺的结饰。

曼波线：质地较软，适合串珠手链、玉坠等（图3-1）。

韩国线：用途最广的线，质地较软、色泽艳丽、稍带光泽（图3-2）。

金葱线：有粗细两种，可单独编结，也可用来搭配其他的线（图3-3）。

棉线：适合包袋、壁挂装饰编结（图3-4）。

图3-1　曼波线

图3-2　韩国线

图3-3　金葱线

图3-4　棉线

## 二、编结工艺流程

编结工艺流程包括：设计结式→编结→抽结→修结→装饰。

1. **编结** 初学编结，需先从基本结开始练习，基本结一般是单线操作，线的长度不宜太短或太长，一般先准备长2米的4号韩国线来练习。徒手编结时大都使用单线编结，因线较软，可用胶带将线头粘成尖头形，便于穿越。组合结结形较复杂时，可以用珠针逐步将线固定在泡沫板上，线与线之间的空间留宽一点，线路穿越会比较容易，可以借用粗钩针或镊子帮助线头穿越。

2. **抽结** 编完结后会呈现出较松散的状态，还需要将结抽紧定型，这是整个编结过程中最重要也是最困难的，将结形分出外耳、内耳，抓住外耳翼，然后同时均匀施力，慢慢抽紧结心。由于抽的方法不同，可以得到不同形状的结。

3. **修结** 收紧结形后，藏线尾，有时为了更好地固定结形，会选用同色线缝上几针。缝时针脚要注意藏好，有时根据设计的需要还要加上其他装饰，如流苏、镶珠子等。

## 三、编结工艺分类

按编结工艺种类可以分为基本结、变化结和组合结三大类，归纳为基本技法与组合技法。基本技法是以单线条、双线条或多线条来编结，而组合技法是利用线头延展、耳翼延展及耳翼勾连的方法，灵活地将各种结组合起来，完成一组组变化万千的结饰。

# 第二节　编结工艺技法

## 一、中国结的常用编结方法

1. **同心结** 同心结由于其两结相连的特点，取"永结同心"之意。编结方法：取一根绳子长约50厘米，对折绳子，分别将左边绳子穿环，再将右边绳子穿到左边的环中，然后双环对拉，形成同心结。如图3-5所示的同心结，同心结采用不同的抽法可以演变成三瓣草结。

2. **双扣结** 双扣结是中国结基本结之一，一般用于起始和结尾，并与其他结组合。编结方法：准备一根50厘米的绳子，对折绳子，按图3-6所示的穿插方式做环穿出，收紧成结即完成。

3. **草花结** 草花结的编结方法比较简单，起头时做几个耳，编好之后就是几个

"花瓣"，如图3-7所示，一个耳压住相邻的耳，相邻的耳再压相邻的耳，依此类推，最后收口是从第一个耳中抽出，编结时可单层一次编成（结的两面图案各异），也可重复再编一层（结的两面图案相同），耳数多少可以根据设计来定。

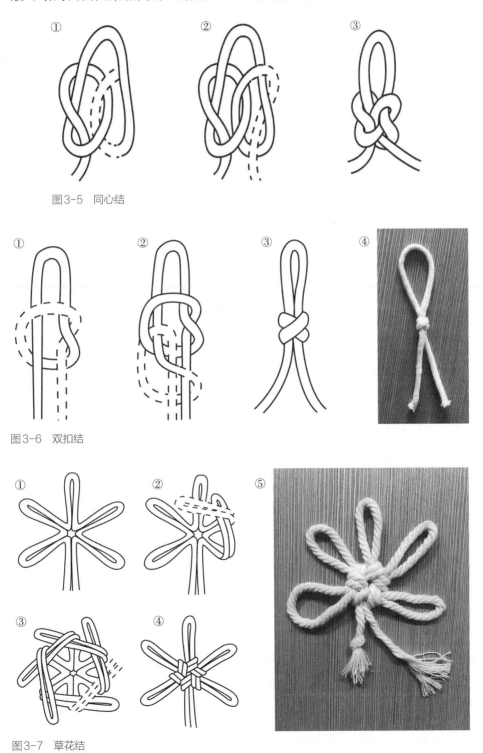

图3-5　同心结

图3-6　双扣结

图3-7　草花结

4. **柱形结** 柱形结编成后呈柱状，柱形结可分为圆形柱和方形柱两种。柱形结是由两根绳子十字形交叉相互套结，不断重复。具体编结方法如图3-8所示：第一步将由两根绳子对折相互对搭穿环抽紧，方形柱翻转后重复第一步，圆形柱则连续编结不用翻转，重复叠加成柱状。

5. **金刚结** 金刚结是中国结中的一个基本结，结形坚固，编结时需要两根绳子，对折一根绳子，另一根穿过对折的环，常用作手链、项链等线型结艺设计，如图3-9所示。

6. **纽扣结** 纽扣结是人们最熟悉的一种花结，传统服装的布纽扣，也称"葡萄扣""释迦结"。这种结不易松散，且结心可藏线头，所以常作为收尾结，用于耳坠、手链等饰物，如图3-10所示。

7. **双钱结** 双钱结，又称"金钱结""双元宝"，是以两个古铜钱状相连而得名。

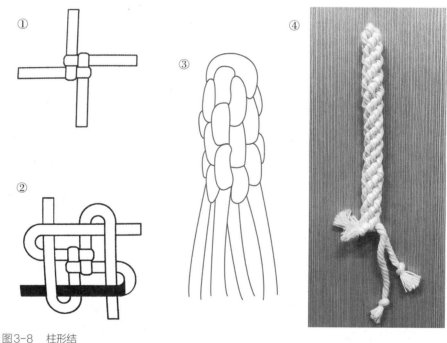

图3-8　柱形结

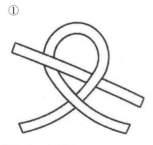

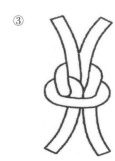

图3-9　金刚结

双钱与双全音相近，象征"好事成双"。双钱结可以延伸为龟形结、梅花结等。双钱结可连续编结，常被应用于编制项链、腰带等饰物，如图3-11所示。

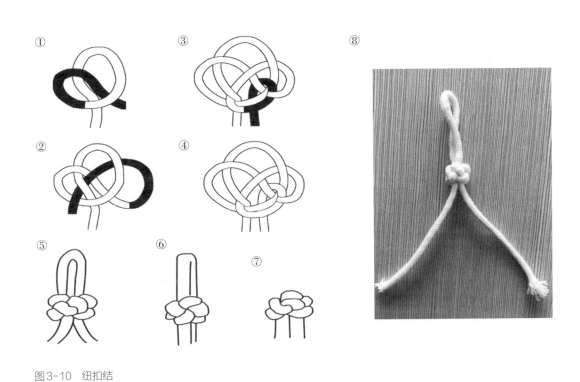

图3-10 纽扣结

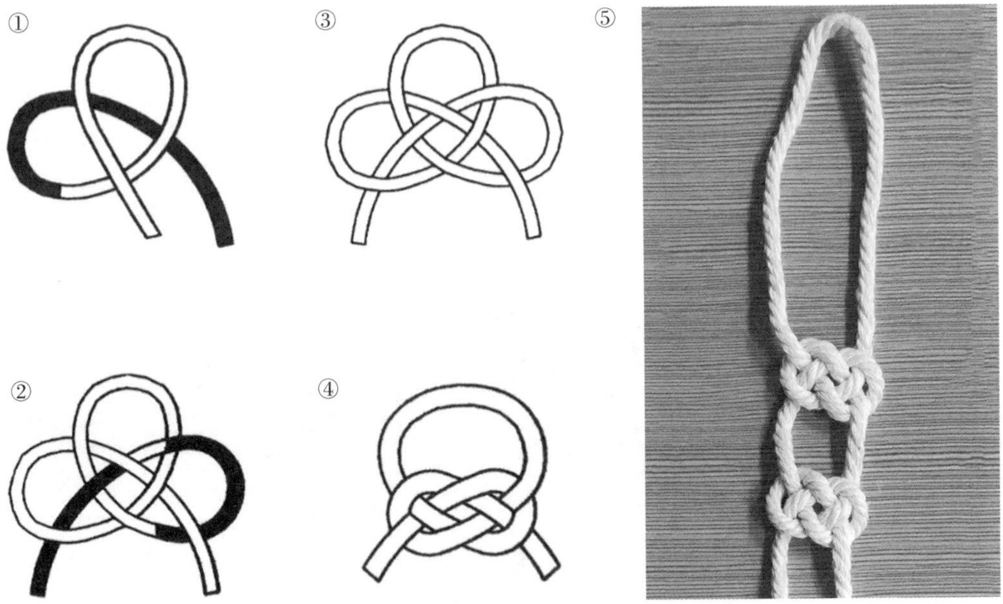

图3-11 双钱结

8. **十字结** 十字结是中国结基本结之一，结型小巧简单，十字结的正面似"十"字，背面是方形，一般适合做配饰和饰坠用。十字结的结饰组合常用于立体结体中，如鞭炮、十字架等，因其结形小且简单，所以不宜单独作装饰用（图3-12）。

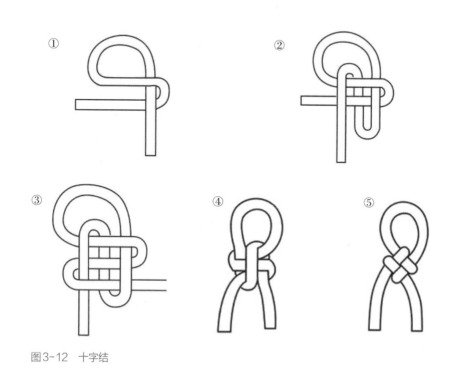

图3-12 十字结

9. **表带结** 表带结因为形似表带，所以得名表带结。在编结过程中环环相扣，左右轮回编结，这种编法因形似锁扣，又称作"锁结"，一般用于编结项链、表带、手链等带状饰结（图3-13）。

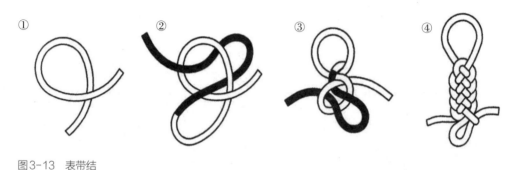

图3-13 表带结

10. **麦穗结** 麦穗结是手工编结的一种基础技法，由于其成品外形酷似麦穗，所以人称麦穗结；又因为这个结的做法像绕八字一样，所以又被称为八字结。它的用途广泛、编法简单，一般是作为手链或项链的结尾（图3-14）。

11. **琵琶结** 琵琶结是古代汉族发明的手工编织工艺品结艺中的一种。琵琶扣结以纽扣结为基础，再加以少许变化而成，因其形状与中国古代乐器琵琶相似而得名，在传统中式服装中常用作布扣，如图3-15所示为编结步骤。

12. **网结** 网结因结体与渔网形状相似而得名。其编出来的结体美观大方，可作为面的设计，多用于腰带等饰物制作，也可以作为家纺用品杯垫、坐垫等编织品（图3-16）。

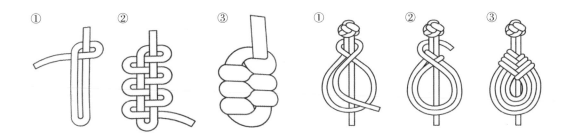

图3-14 麦穗结                    图3-15 琵琶结

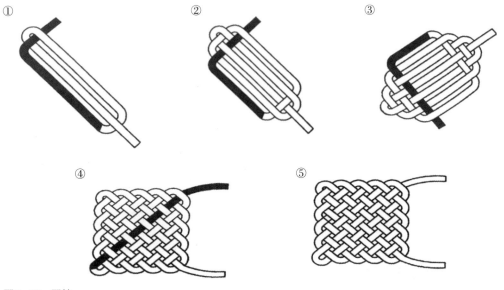

图3-16 网结

13. **酢浆草结** 酢浆草的叶片呈心形，三片轮生，酢浆草结的编结方法有顺时针编法、逆时针编法和双线编法。酢浆草结的两个面分别为人字面和入字面，也是常用的尾结装饰（图3-17）。

14. **寿结** 寿结具有极深的祝福意味，圆形的称为"圆寿"，方形的称为"长寿"。寿结由一个同心结和多个两耳酢浆草结、三耳酢浆草结组合而成，是一种基础结的组合结（图3-18）。

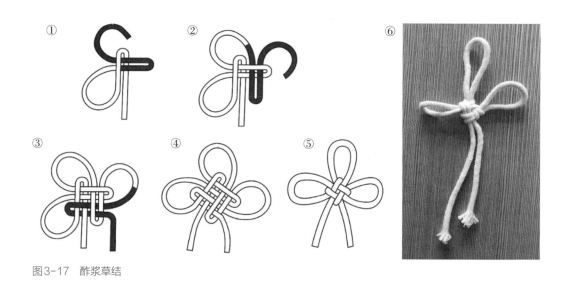

图3-17 酢浆草结

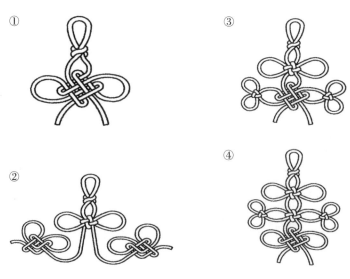

图3-18 寿结

## 二、绳类组合编结技法

1. **工具与材料** 一般绳类有棉、丝、混纺制造的筒状绳、合股绳、包芯绳等，一般有2.5毫米、3毫米、4.5毫米，2.5毫米和3毫米的一般用于编结小挂件和包袋、抱枕等作品，4.5毫米以上的适合编结大的壁挂等。辅助起头挂线的还有圆木棍，长短、粗细不一的木棍，还有各种圆环都可以作为挂线架，木棍和圆环有不同直径，根据设计需要确定挂钩，悬挂起来编织。另外软木板和固定针是编结小挂件和包袋最实用的辅助工具（图3-19）。

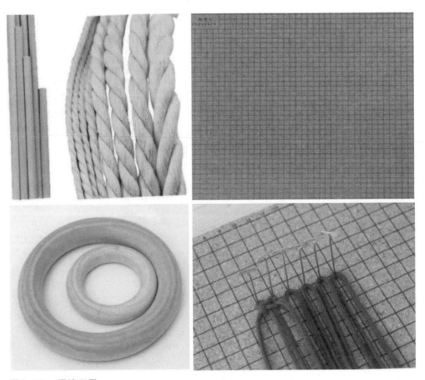

图3-19 绳编工具

2. **绳结的基本技法** 在编壁挂之前，首先要学会打结和穿插换位，常用的基础结有云雀结、双绕结、平结、扭转结等，在基础结上巧妙组合，可以变化出无穷无尽的花结，排列成所需要的装饰图案。

（1）平结：平结是一种最常见的结，由于其简单、平整牢固，故常用来捆绑东西。在作为装饰的花结中也经常用到它。平结作带状或网状时，常在其中加一根或两根芯线，以求厚实或有变化（图3-20～图3-22）。

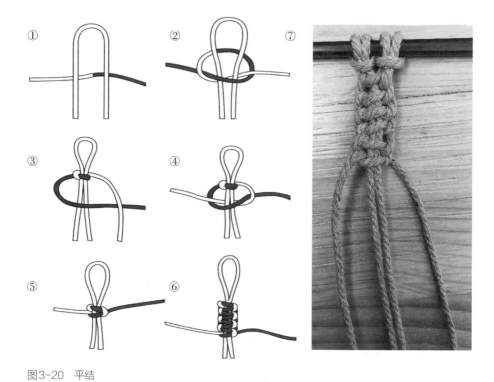

图3-20 平结

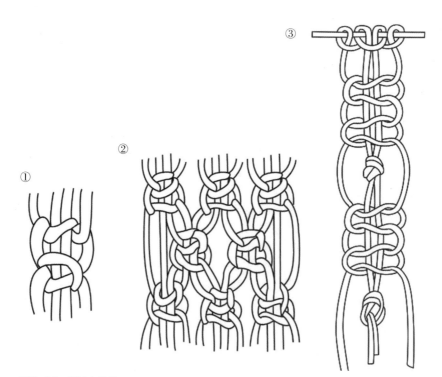

图3-21 平结变化结

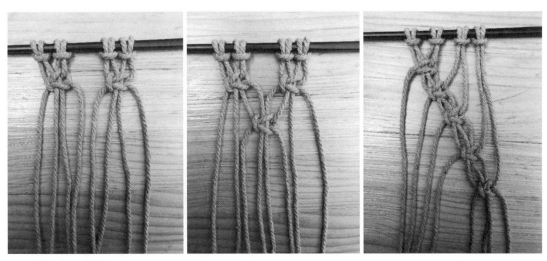

图3-22　平结变化结

（2）云雀结：云雀结的形状似雀，故得名。其日常多用于挂绳或悬挂物件，此结非常简单，不宜单独作装饰，只适合作为变化结或组合结的基本单位（图3-23、图3-24）。

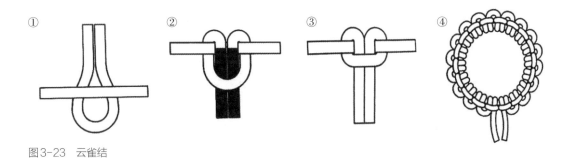

图3-23　云雀结

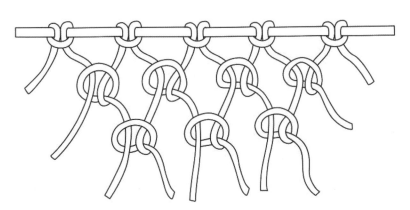

图3-24　云雀结组合

（3）斜卷结：斜卷结以一条线为轴，另一条线围绕这跟轴线缠绕做结，可连续编结；变换轴线也可变换编结的路线而形成不同的纹样。壁挂装饰多用卷结技法（图3-25、图3-26）。

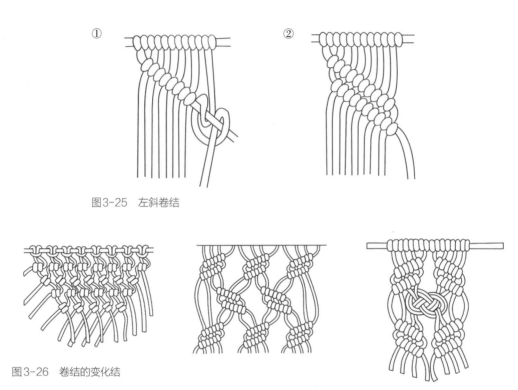

图3-25　左斜卷结

图3-26　卷结的变化结

（4）扭转结：扭转结也是一种常用的基础结，云雀结挂线后，左边线以右边线为轴线绕结，右边线再以左边线为轴线绕结，结成左右扭转的效果，具有动感的技艺，可按设计稿重复打结或者和其他结组合（图3-27）。

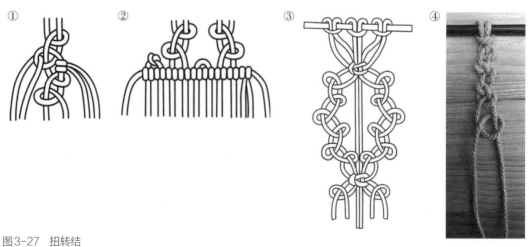

图3-27　扭转结

（5）圈圈结：圈圈结编制简易，常用于编制挂饰、链饰的结尾。其编结方法是把线的一端拉直，另一端在直线上绕一个圈，由起头处往尾部绕圈，多少圈根据需要而定，把原来拉直的一端穿入圈圈后拉出。也可以如图3-28所示用于固定流苏。

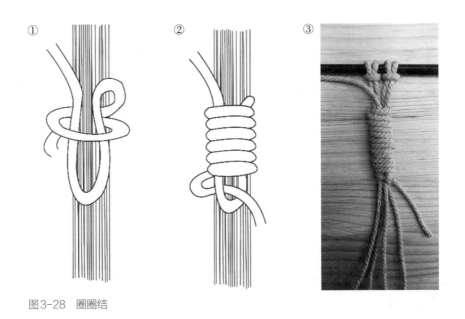

图3-28　圈圈结

### 3. 基础结组合

基础结是我们常用的编结方法，在编织作品的时候，我们根据作品的设计需求，进行基础结的组合设计，如图3-29～图3-31所示，基础平结、云雀结的组合设计，可一种基础结不断重复构成秩序美感编织作品。不同的设计选择不同结艺的特点组合，有线型组合、点与点的组合，线与面的组合等。

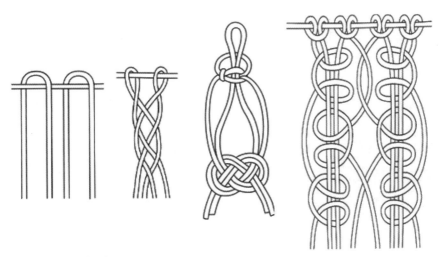

图3-29　基础结变化结

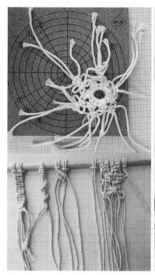
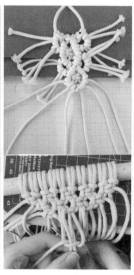

图3-30　各种结艺

图3-31　各种结法

## 第三节　编结工艺应用

　　现代编结设计范围会更广，在服装、配饰、挂件、陈设摆件等设计中均有应用，如壁挂编织、包袋编织、服装编织等。绳编工艺首先要考虑材料的选择，材料本身的质感、色彩，材料经过编织组织后，表面肌理、色彩及纤维材料的穿插组合的视觉效果等都要综合考虑。带有光泽的细绳一般编织一些小配件、小挂件，如项链、手环、钥匙扣等；服装、包袋、壁饰一般会选择较粗的绳线，根据不同的设计要求，选择不同的编结技法。

## 一、小挂件中国结作品

　　中国结是一种古老的吉祥艺术，题材源于自然界的动物、植物，也有人物和实物等，如图3-32所示，有青蛙结、小猪结、鞭炮结、蝴蝶结等。中国结的造型不受任何形状中的具体形态的限制，根据设计好的图形，通过不同色彩的绳线编织，在中国结的命名上，赋予了吉祥的寓意，如中国联通的标志就是采用了"盘长结"的造型。还有一些小动物的形状，分析其结构，选择适合的结艺方法，即可完成结艺作品（图3-32～图3-37）。

图3-32　实物形结

图3-33　吉祥结

图3-34 装饰结

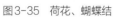

图3-35 荷花、蝴蝶结

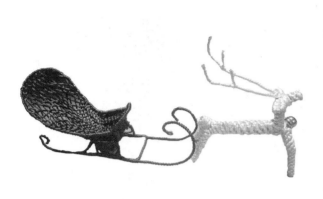

图3-36 鹿拉雪橇结　　　　　　　　　　　图3-37 组合结

## 二、包袋编织

　　包袋编织首先是考虑功能设计，如背包、手提包、手抓包等，根据设计目的选择不同种类的材料。然后设计好效果图和工艺图，根据色彩搭配计算出不同色绳子的用量，棉线色彩如果不能直接购买，也可以通过染色处理，参考前一章讲授的印染工艺进行处理。编织包袋工艺图要提前设计，绘出不同部位不同的编结效果，标出结构尺寸，编结过程要先大片编结后细节装饰，设计稿上要标明工艺流程的顺序。图3-38所示为一个手提包袋的正面和背面，正背面设计不同，可以随意换面搭配服饰。图3-39所示为一款网状包袋，主要特点是内包袋的色彩通过网状衬托出肌理效果。图3-40所示为小背包设计，图3-41所示为不同风格的包袋搭配不同的编织方法和配件。

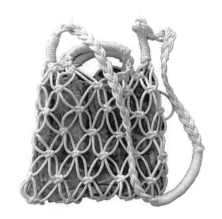

图3-38 手提包袋编织设计　　　　　　　　图3-39 网状包袋

图3-40 小背包编织设计

图3-41 绳线编织包袋

## 三、储物篮编织

储物蓝的编织设计首先要考虑是什么功能的储物篮，如水果篮、花篮等。其编织原理是通过线编结半围合设计，一般作为室内装饰物设计，如室内挂篮（图3-42）。制作工艺和包袋工艺流程类似，首先绘出设计稿和编结图，再根据设计稿编结作品。

## 四、家用饰品编织

室内编结壁挂和空间隔断编结门帘、灯罩等都是常见的编织作品，如图3-43、图3-44所示为各种编织用品和装饰物。灯罩编织要借助铁丝一类支架固定形状构成一个造型空间，一般会采用流苏收尾，具有流动效果。装饰壁挂有框式和直接挂毯式，如图3-45、图3-46所示为框式壁挂，具有立体效果，先用白纱线编织好，再喷绘设计的色彩，也可以直接选择不同的色线编织。挂毯式壁挂一般是结艺与流苏相组合，可直接挂在墙上（图3-47～图3-49）。

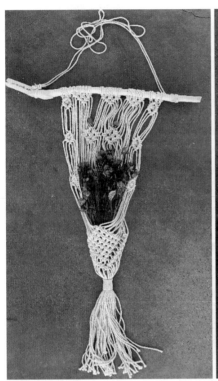

图3-42　挂篮编织

图3-43　编织灯罩

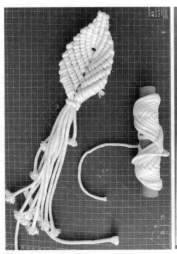

图3-44　编织装饰挂件

图3-45 编织装饰

图3-46 编织挂毯

图3-47　多色编织组合

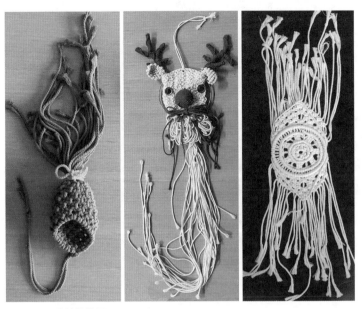

图3-48　编织装饰品

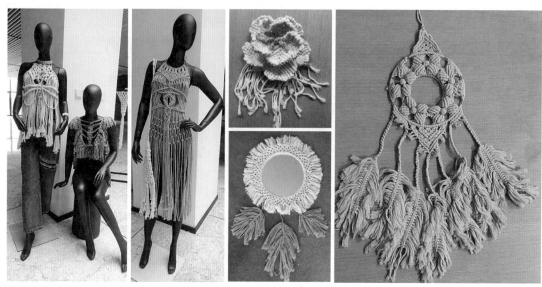

图3-49 编织服装与装饰品

## 小结

　　手工编织工艺是服装与服饰设计常用的工艺技法，线型编织材料多样灵活，线状的材料都可以作为服饰编织的材料，如纺织棉麻绳带、皮革绳带、金属线带等，不同材质有不同的质感，可以达到不同的视觉效果。用疏密、镂空、流苏等不同方法表达服装、包袋、挂件以及项链、手环等编织作品，学习的重点是对各种编织方法的熟练操作，对各种编织技法的灵活运用。

## 思考与练习

1. 归类不同种结艺的视觉效果，分别总结这些结艺适合什么作品风格。
2. 熟悉不同编织材料的特性。
3. 熟练基础结编结方法，设计组合结作品并制作。
4. 思考编织装饰技法在服饰设计中的应用。
5. 编织设计作品一幅，并制作实物。

# 第四章　拼布工艺

拼布，指将一定形状的小片织物拼缝在一起的工艺，也是我国民间传统手工艺的一种。传统的拼布形式在许多少数民族的服饰上都有体现，如彝族、羌族、苗族、白族等。彝族的拼布又被称为"镶补绣"，以各种色彩、各种形状的碎布或拼接或贴补在服装上，纹样有火镰纹、涡旋纹、三角形等，是一种古老的民族传统装饰形式。现代拼布工艺不仅运用到服装、配饰、家用纺织品上，还应用到文创产品等更广阔的领域。

# 第一节　拼布工艺概述

## 一、概述

1. **拼布的定义**　拼布是通过拼缝、绗缝工艺，将不同色系、花色的小布块经组合排列拼缝在一起的一种工艺，通过色彩重组、分解重构的艺术形式与精湛的缝制工艺相结合，是一种兼具个性装饰和实用的艺术形式。拼布是一种古老的民间传统手工艺，受到世界人民的喜爱。

2. **拼布的分类**　按拼布的用途可以分为实用性拼布和创意性拼布。实用性拼布包括家用纺织品、服装与服饰配件，有桌布、桌旗、餐具垫、杯垫、椅垫、围裙、靠垫、坐垫、床罩、被套、包袋、服装、服饰品等。创意性拼布（又称为艺术拼布）带有艺术创作的思维，加上不同的手法来丰富画面效果，如编织、刺绣等，装饰艺术有壁挂及其他装饰艺术品。

3. **拼布的发展**　在我国古代，拼布被称为"百衲"，即通过密针缝缀的手法将布片拼合。中国历史上最早的拼布制品可以追溯到唐代的百衲绸片，百衲的方片除了使用不同颜色的布料和织锦缎外还会加入刺绣的元素，清代翟灏《通俗编·服饰》中记有"王维诗：'乞饭从香积，裁衣学水田。'"因方块拼接较为常见的形状如水田，故又称"水田"，从元代、明代百衲绸片到拼布服饰——僧侣的袈裟，水田衣（图4-1），戏服中的富贵衣等，多以规律的几何形状拼接，或者是以类似"补丁"的形式体现出来。民间的"百衲被"和"百家衣"含有美好的祝愿，希望孩子穿着各家的衣服、盖各家的被子长大，寓意受百家保护、百家保佑平安。

20世纪60年代，拼布艺术的地位在美国也获得极大提高，其被美国艺术界认定为是一种新的艺术表现形式。如今，拼布在美国已经形成一种独具特色的成熟形式。拼布也作为美国中小学的美术课和课外活动课，通过拼布极强的个人风格来培养学生的创造力。

在许多艺术院校还设有专门的拼布专业和研究机构，可以独立授予拼布的学士、硕士学位。如我们所熟知的阿米什拼布（Amish Quilt）、夏威夷拼布（Hawaiian Quilt）等。

日本拼布艺术也一直作为传统手工艺发展和传承得到重视，随着日本拼布艺术的流行发展，培养了一批拼布名家，例如我们熟知的齐藤谣子、森山百合子、齐藤泰子等。日本拼布既充满了民族特色，又不失创新，风格典雅时尚、细节工艺精湛。

图4-1　清代水田衣

## 二、拼布的术语

### 1. 面料术语

表布：相对于里布来说的，完成作品的表面布。

里布：完成品的内里衬布或者壁饰背面的衬布，目的是隐藏拼接的缝份。

坯布：隔离垫棉和表布之间，压线时铺棉下面放的一层布，也可做里布或者内袋。

### 2. 缝制术语

返口：两片布缝合后，要翻回正面所留的开口。

合印：布与布拼接时，在合缝位置所做的记号。

缝份：布块完成尺寸之外，为缝合所留出的多余布宽，直线缝份一般为0.7厘米，弧线缝份一般为0.5厘米，缝份过大会不平整。

完成线：作品完成时的线。

缝份线：加了缝份之后的线。

牙口：两片布缝合后，在缝份处剪开的小口，可使翻回正面时弧度会比较漂亮、不紧绷。

落针压线：沿着布块拼缝处或贴布图案的轮廓边缘所做的三层压线，使图案更有立体感。

铺棉：表布与里布中间的棉，能使拼布作品更加厚实、压线后有立体感。有无胶的铺棉，也有带胶的铺棉，用熨斗熨烫就能粘在布上，省去了疏缝的步骤。要根据教程指导选择合适的铺棉。

疏缝：用线暂时固定的缝合，也称为假缝，完成作品后拆除。

三层压线：在表布和里布的中间放入铺棉，按照表布（正面朝上）、铺棉、里布（正面朝下）的顺序重叠好，用针线把三层缝合固定（缝合时固定即可，不可拉扯过紧），从而产生立体效果。

缝份倒向：布块拼接后，缝份倒向一侧，方便熨平。

## 三、拼布的缝制方法

1. **拼布缝制种类**　拼布的缝制分为手缝和机缝。手缝一般采用平针缝，也有采用拱针缝、回针缝、贴补缝、藏针缝、卷边缝等。

平针缝：面布合缝时，沿着画好的缝份线水平缝合，针脚均匀细小。

回针缝：缝一针回一针，针脚紧密相连，起到加固作用。

藏针缝：装棉或返口时，不适合明线缝制。

卷边缝：两块布边缘收口或边饰常用的针法，同一个方向卷缝。

贴补缝：一块布压着另一块布，以半藏针的方式缝制。

2. **拼布缝制步骤**

拼布缝制准备工作：设计拼布样稿，制作纸样，计算出需要多少片组合。

布块的裁剪：按计算出的形状、数量，裁出布块的毛样。

布块的拼接：拼接应从左至右，从里至外。

表布的搭配：汇总拼缝的布块，制作表布。

画绗缝线：根据设计稿画出绗缝直线或曲线。

假缝固定：表布、中间棉、里布三层假缝固定，便于缝制。

绗缝：按画好的绗缝线缝制。

边缘处理和装饰：滚边和处理线头及其他装饰。

# 第二节　拼布制作工艺

## 一、拼布工具与材料

拼布的工具和前面讲的手工布艺大同小异，除了基本的剪裁、记号固定用工具外，还需要一些贴缝、压线用的针具与线材。我们把拼布的工具分为绘图工具、制版及裁剪工具、拼缝制作工具等。拼布材料则需准备各种素色和花色面料。

1. **绘图、制版工具**（图4-2）　拼布的绘图、制版工具有：拼布尺、卷尺，轮刀和切割垫，剪刀，可擦记号笔，笔、铅笔和橡皮，纸板等。

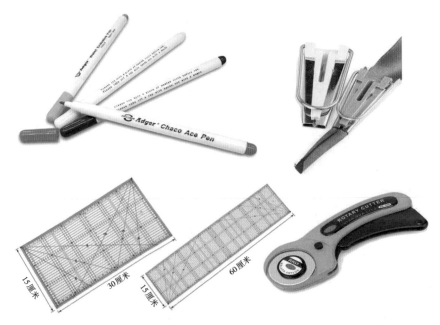

图4-2　记号笔、拼布尺、卷边器、轮刀工具

2. **拼缝制作工具**　拼布的拼缝制作工具有：各种型号的手工缝纫针，尖细的珠针和安全别针，顶针，缝纫机，各种型号的缝纫机针，各种型号的手缝线和机缝线，黏合衬，方格纸和斜格纸，强力夹，熨斗和熨烫板等。

3. **拼布材料**　拼布所需要的各种材料，包括面料、辅料（线、衬、填充棉、装饰品），任何布都可以作为拼布的布料，但原则上还是以花纹特殊、易于缝缀的布料为佳。按花色大致可以分为下列几种：单色、没有花纹的布；印有规则或不规则的点、线、图、方形等图案的布；印有各种花朵造型的布；印有各种抽象、写实图案的布。

（1）表布：棉布是拼布绗缝的首选，质朴、稳定，易于缝制。丝绸和绸缎与棉布相比，它们的性能稍欠稳定，但具有光泽和魅力。但丝绸和绸缎容易脱丝，需仔细打理，或是使用更宽的缝份（1.3厘米）能够减少脱丝。金属纤维面料，现在有很多金属纤维面料和布满金属线的棉布。它们能给拼布带来一抹艳丽，也能带来照片捕捉不到的视觉盛宴。它们还是彩绘玻璃拼布和疯狂拼布这类工艺的绝佳选择。合成纤维，拼布和贴布中也会用到合成纤维和人造纤维，其中包括金银丝、塑料涂层纤维和仿丝缎纤维。

（2）辅料：拼布的辅料有许多，包括线、衬、填充棉、装饰品等。

线：缝纫用线——中号（50号）的普通棉线或通用的缝纫线，可以用来做手工拼布或机器拼布。绗缝用线——绗缝时需用更结实的线，绗缝装饰用线没有限制。

衬：包括起固定作用的衬布和定型衬，适用于贴布的双面黏合衬等。这些材料适用的布料厚度不同，常有薄、中、厚三种不同规格，在挑选过程中应该根据布料的特性来挑选。

填充棉：指夹在两层布料当中的充当绗缝的填充物，其种类繁多、材质各异。涤纶，轻薄型的涤纶铺棉可以手工也可以机器绗缝；混纺，这种铺棉来自混合纤维，如80%棉加20%涤纶或是50%棉加50%大豆纤维。混纺铺棉更牢固，不易变形。

装饰品：指用于美化、修饰作品的辅助物品。适用于做装饰品的物品有许多，包括纽扣、丝带、蕾丝、珠子、亮片、贝壳、刺绣品等。

## 二、拼布图形的绘制与裁切

制图和裁切是拼布的基本技能，如何做到严谨的制图和精确的裁切是本章重点介绍的部分。

1. **常见图形的绘制** 绘制整体平面图及分解后的每个基本几何图形，要根据实际尺寸按比例绘制，不同形状涂上不同色彩作为记号，也就是初步确定每一个图形所使用的布料。然后根据平面图绘制基本几何图形，采用米格纸（比例纸）来画，以使尺寸准确。拼布采用的单位是厘米。为了在布料上能够做到精确、减少误差，通常会使用模板。简单的方法就是用薄卡纸或厚纸板，在纸片上临摹出设计图，并沿线剪下，以便制作。

2. **裁片**

（1）面料前处理：裁片前，天然纤维如棉、麻、丝等布料要做缩水处理，旧布在制作前则要清洗干净。

（2）经纬纱线确定：经纬纱线又称为布的纹路，有直纹、横纹、斜纹之分，布的纹路影响作品给人的视觉感受。直纹易保持形状，一般原则是裁剪基本图形时要尽量使其有一个边顺着纹理。

（3）裁剪技法：对于布料的裁剪一般分为两种方法，即用剪刀裁剪和用轮刀裁剪。目前轮刀被大家认为是方便、快捷、精准的方式。直径是45毫米的刀片适合大部分裁切工作，但是更小一些的28毫米的刀片操作性更好，更适合沿着曲线或模板裁切。裁切多层布料时（有时也称"叠加裁切"），注意叠加的布料层数，层数过多会引起变形，并影响精确性。

## 三、拼布工艺技法

拼布工艺主要分为手缝和机缝两种缝合方式，可以根据作品的实际情况来选择工艺方法。

手缝，即手工缝纫的方式，其优点在于自由性、灵活性大，较容易掌握。适合任何场所及小物件的缝制，尤其适合初学者。

机缝，即机器缝纫的方式，其优点在于速度快、效率高、针脚均匀美观。适合批量化生产或大物件的缝制。

1. **拼布基本手缝针法**

（1）打结：在拼布中经常会用到单根线缝纫，如果采用普通的打结方式，打出来的结比较小，容易穿过针孔。适用于拼布打线结的方法是：将线穿好，长的一端放在针的下方用手拿着，将线在针上绕两圈，用手按住，再将针拔出。如果线结下方较长，剪断即可。

（2）平针缝：平针是最常用、最简单的一种手缝针法，通常用来做一些不需要很牢固的缝合以及做褶裥、缩口等，可以一次多挑几针，然后一起拉紧线头。平针的针脚距离一般保持在0.5厘米左右。

（3）疏缝：疏缝也称"假缝"，手缝针法与平针的针法一样，但针距较大。这种手缝方法通常用来做正式缝合前的粗略固定，为的是方便下一步的缝合，作用类似于珠针。

（4）回针：回针也称"倒针"，是针尖后退式的缝法。它类似于机缝且是最牢固的一种手缝方法。

（5）锁边缝：这种缝法一般用来缝制织物的毛边，以防织物的毛边脱散。

（6）藏针缝：藏针缝针法在布艺制作中用得相对较多，能够将线迹完美地隐藏起来，常用于不易在反面缝合的区域。

2. **拼布的拼接方法**　拼布的拼接方法主要分为直线拼接、插角拼接、曲线拼接等。

（1）直线拼接：直线拼接是最常用的拼接工艺，首先排列好要拼接的片数，按横排顺序排列。拼接固定，把第一片正面向上放，第二片正面向下放在第一片上，对准缝合的起始点和缝合止点，用珠针固定，为了精准地对缝合边进行拼缝，前期的固定工作是必不可少的。如果需要拼接的边较长，则在中间每隔约4厘米的地方做一个固定点，缝合到有珠针的位置时，先取下珠针再进行缝合。

缝制拼接，将对齐的两片布片车缝，如缝份为0.6厘米，则可用0.6厘米的压脚直接车缝。缝份尺寸的一致是表布拼接整齐的关键，第一片和第二片车缝好之后打开，把第三片和第二片正面相对放好，布边对整齐，以此类推。

接缝处的拼接，当缝合到接缝位置时，不要让针线跨过接缝，而是从接缝底部（紧贴缝合线）穿过，然后从背面倒回一针，穿到正面后再次从接缝底部穿过。每一横排都拼接好之后，要熨烫一下，熨烫的时候，缝份不要打开，而是倒向一侧。上下两横排的缝份倒向不同方向。

（2）插角拼接：插角拼接工艺一般是菱形和方形拼接，是将方形直角插入两个菱形边相交的夹角的拼接工艺（图4-3）。

制作过程：①准备三块布片，分别标以a、b、c。②首先将布片b和布片c面对面对齐，拼接两片菱形，缝份0.7厘米，要求插角的这一端不缝合到边缘，在记号点打倒回针。③将布片a的记号点与布片b和布片c的记号点相对，布片a和布片b面对面对齐，缝份0.7厘米。④安装插角，插角的拼接无法一步到位，而是要分两部分进行，即每条边要单独进行拼接，把布片a转过来，与另一边布片c面对面对齐，缝份0.7厘米。⑤将其中一片菱形的拐角边与正方形的一条边对齐，注意正方形的内侧要留下一个缝份宽度给另一条边拼接用。布片a、b、c缝合完成。

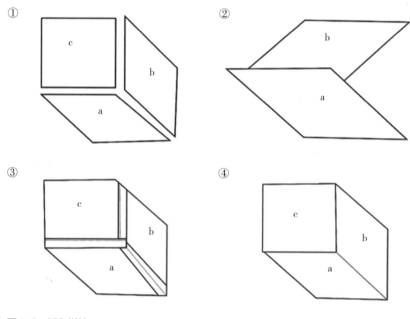

图4-3 插角拼接

（3）曲线拼接：曲线拼接工艺的要点是多标记对位点，曲线边除了起始点外，还要在当中多做几处对位点，如首先1/2，再1/4、1/8对位点，在模板上就要做好，以便随时校对对位点。固定了这些对位点之后，曲线还应先将两片布料的中心点固定，接着再固定两端，然后在其余部位做固定点，靠近两端部位的固定点要密集一些。手缝或机缝拼接时，要用力均匀，缝完以后在背面弧线缝份上打剪口、熨烫。

3. **填棉工艺** 填棉工艺是在表布和里布之间放入填充物的工艺，通常采用化纤棉、木棉或是羊毛等材料，为了夹层填棉均匀，现在基本选择压好的层棉，不同的厚度有不同的视觉效果。薄棉好压线，但厚棉立体感要强一些，最初的拼布加棉是为了保暖和增加厚度，之后设置夹层则是作为一种传统被保存下来。

4. **绗缝工艺** 拼布绗缝是将疏缝好的各层缝合在一起的过程，使里面填充的棉絮等固定。制作方法是先整理表布、铺棉、背布，注意三层是否平整，可以在熨烫板上熨烫一下，烫平整。这样也可以让表布稍微吸附在铺棉上。背布要比表布和铺棉大，开始假缝，从中间开始别疏缝别针，每隔几寸别一个别针，特别是表布边缘的地方。别针都别好之后，检查一下背布是否平整。

机缝压线，用水消笔或划粉笔画好压线的位置，压线最好是从中间开始，慢慢向外压，压线越密，能把三层固定的越好。此外，压线不只是把三层固定在一起，它也让整个作品更有质感和视觉冲击。

5. **包边工艺** 包边工艺是拼布拼完以后，边缘收边的一种工艺方法。首先要准备好足够长度的包边布条，并将布条熨烫平整。包边布条要按45°斜丝裁剪，要沿着正斜纱裁剪，否则在包边过程中容易扭曲。其次要修剪包边条两端，各留下适当缝份，将缝份向里反折，用手针固定，包边完成。包边有直角包边和圆角包边，相比圆角包边，直角包边更简单。

# 第三节　拼布图案与色彩

拼布图案最大的特征是把若干基元布片拼接成一个基本的单元图案，最具代表性的拼布图案是各种几何形拼接的图案。抽象不规则图案也同样被拼布爱好者喜爱，拼布图案也可以按完整图案通过线划分出不同基元，由不同色彩的面料重新组合拼接出新的视觉形象。拼布图案是由拼布基元组成，也就是各种规整和不规整的形状，如三角形、四边形、弧形、曲线等形状，用于拼接的小布块称为拼布基元。拼布基元有单形和多形拼布，单形拼布是整块拼缝作品采用同一种图案（如正方形、三角形或六角形等）制作构成。多形拼布则是由正方形、三角形、菱形等许多形状或图案先组成一个单元拼布，然后进行整个拼缝品的制作。拼布基元同时也分规则与不规则拼布。

## 一、拼布图案设计

1. **几何图案** 几何图形是拼布设计中最常见的特征形态图案之一。常见的几何图形有正方形、长方形、三角形、菱形、五角星形、圆形等。这些几何图形在设计中不断重复相似的形状、色彩、明暗、线条或其他元素，例如以九宫格拼布样式为代表的四边形拼布一直深受大家喜爱，设计拥有无限的可能性。几何图形单元排列分为直线排列、斜线排列和交替排列，单元直线排列或横向排列或纵向排列，有时也叫边对边排列，区块可以彼此拼接，也可以被边条或边框隔开，如图4-4~图4-9所示。

按几何规律组合布片，可以分为规则图案和没有规律可循的不规则图案。有规则的图案显示出一种排列的秩序美，而无规则图案则更显得自由与随性。传统拼布一般都是由方块组成，方块里面是对称的几何形，很有万花筒中图案的效果；现代拼布在继承传统的同时也有大胆的革新，非对称的、模仿传统图案、各种绘画效果的拼布越来越多。这两者，最考验剪裁功夫的还是传统拼布，各种形状如三角形、菱形、六边形等，要平整、对称地拼缝在一起。

2. **具象图案** 具象图案在拼布中是常见的拼布图形，主要取材于生活和大自然中的人物、动物、植物、静物、风景等，是对自然、生活中的具体物象进行一种模仿性的表达。具象图案设计通过拼布进行工艺表达，在单元图形上遵循具象图形的特征，如图4-10所示为动物拼布设计，高度概括了虎的面部及神情，鹿头、鹿角装饰则不失原有的神态，运用不规则的单元布片和不同的色彩表达出动物的不同部位。

图4-4　几何图形变化拼接1

图4-5　几何图形变化拼接2

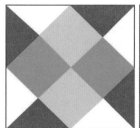

图4-6　几何图形变化拼接3

图4-7　几何形拼布（连敏老师指导）

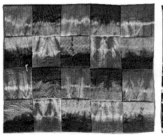

图4-8　几何拼接抱枕

3.**抽象图案拼布工艺**　拼布的拼接重构形式是图案造型中常用的手法，重构也是抽象图案常用的设计手法，抽象图案拼布也是对图案的分解和重构，高度概括归纳出不同形状和色彩的不规则单元，再通过面料还原拼接成整体的图案，如图4-11所示。

图4-9　几何拼布杯垫

图4-10　虎头和鹿头的拼布装饰纹样（连敏老师指导）

图4-11　抽象图案（连敏老师指导）

## 二、拼布色彩搭配

拼布最大的特色就是不同色彩布块的拼接，通过不同色彩、不同形状的布块达到拼布的色彩视觉效果，布块面积小且色彩纷杂，可以综合色相、明度、纯度、面积、位置等多方面的对比而产生变化。在外观上最引人注意的是布块之间的色彩统一与变化而产生的丰富色彩效果。拼布艺术作品的配色除了需要对艺术具有较高的审美直觉外，还需遵循色彩学规律，最常见的搭配方式有：无彩色组合、同类色组合、邻近色组合和对比色组合。

　　拼布常用的色彩搭配方式可分为强调对比和统一的色彩搭配。统一调和色，一般布块色彩选择同色系或近色系，作品统一、安静，适合一些自然田园风格，如蓝色系列的拼色；另一种是对比色，也就是采用明度或彩度差异很大的布块，强调对比的色彩搭配指的是色块之间明度、纯度、色相有较大差别而产生色彩的对比效果，作品看起来会有强烈的个人风格，如图4-11所示，黄色和蓝色互补色对比，会产生强烈的视觉撞色效果。

　　**1. 无彩色的搭配**　黑、白、灰三种颜色的组合就是我们所说的无彩色的经典搭配，也是俗称的经典搭配法则。在日常生活中这种应用比较常见，是一个适合大多数人的选择。因为它给人以视觉上的稳定感，不会产生太冲突的色彩刺激，也可以说是比较简单通俗的配色方案。

　　**2. 同类色的搭配**　同类色组合搭配的很大一个好处就是能够获得比较协调的整体效果，深受年轻女性的喜爱。其配色符合她们青春向上的性格特征，因此有很多少淑装都愿意采用同类色拼接的风格。但只用同类色做拼接，会有沉闷和单调的感觉，适当地拼接一些邻近色或对比色，则可以增加服饰的活跃度。

　　**3. 邻近色的搭配**　邻近色系在拼布中的应用，即是将面料染成在色相环上90°范围内的色彩的搭配组合，在拼布服装中选用邻近色搭配的服装常常给人以温和协调的感觉。与同类色拼接相比较，色彩感通常具有更多的变化，在服装市场应用中会比同类色的拼接更加广泛，如图4-12所示。

　　**4. 对比色的搭配**　撞色就是人们常常提到的对比色的通俗说法，泛指色相环上相对的两个颜色的搭配组合。单是从色彩拼接的角度来说，对比色其实会给人们带来视觉上的排斥感。但是对比色的搭配在拼布服装上也是非常常见的一种组合方式，通常会给人带来活泼、俏皮的视觉感受。尤其在现代服装设计师的秀场上，设计师经常会大胆选择高明度、高饱和度的面料来进行组合，从而给人带来强烈的视觉冲击力，如图4-13所示。

## 三、拼布作品范例

　　拼布通常用于家用纺织品设计中，如杯垫、抱枕、靠垫、桌布、挂件等（图4-14～图4-18），家用纺织品拼布设计有立体拼布，使用填充棉、铺棉或其他厚的织物填充在贴布与底布之间，使作品更显立体感。剪出图案后需在其中填充些棉絮，然后将其缝制固定在底布上，就可以创作出具有立体感的作品，不同的图案以立

图4-12　同类色与邻近色拼布

图4-13 对比色拼布（连敏老师指导）

图4-14 立体垫棉拼布地垫

图4-15 抱枕拼布1　　　　　　　　　图4-16 拼布抱枕2

图4-17 拼布抱枕和地垫 　　　　　　　　图4-18 拼布风景（连敏老师指导）

体的效果呈现，会显得更为时尚而充满想象力。

　　立体拼布的方法：将底布与表布放置在一起，正面相对，用颜色匹配的线沿轮廓将两块布缝合在一起，最好留出返口能将布的正面翻出，用填充棉或织物边角料填充，将留出的返口布边内折并用暗缝针缝合。如果立体图案的背面是不外露的，则可四边全都缝合，不留返口，用锋利的小剪刀在贴布背面的中心剪个口，只剪开一层，用上述方法填充后再将剪口缝好，将剪口的一面置于底布上，然后缝制固定。

## 小结

　　拼布工艺同样是服装与服饰设计常用工艺之一，有服装细节拼布设计、包袋拼布设计、家用纺织品的拼布设计等。拼布时应重点考虑不同色彩拼接，不同面料、不同形状的拼接设计，从而达到不同设计题材的效果。在工艺上有明线和暗线之分，暗线一般是固定线，明线一般是装饰线。拼布工艺还可以结合绗缝、填充等表现立体效果。

## 思考与练习

　　1．查阅相关拼布艺术资料，扩大知识面。

　　2．思考拼布工艺的重点、难点，总结工艺难点的解决方法。

　　3．拼布作品创作实践。

# 参考文献

[1] 良品. 中国结艺 [M]. 成都:成都时代出版社,2008.

[2] 展坤. 编织自己的结艺美饰 [M]. 沈阳:辽宁科学技术出版社,2013.

[3] 周琦. 流行中国结艺:初学必备篇 [M]. 郑州:河南科学技术出版社,2008.

[4] 邵晨霞. 中国编结服饰艺术研究 [M]. 北京:光明日报出版社,2013.

[5] 晓玉. 中国结编结技法 [M]. 北京:中国工商出版社,2005.

[6] 高春明. 中国历代服饰艺术 [M]. 北京:中国青年出版社,2009.

[7] 童芸. 刺绣 [M]. 合肥:黄山书社,2016.

[8] 张静娟,李友友. 刺绣 [M]. 北京:中国旅游出版社,2015.

[9] 粘碧华. 传统刺绣针法集萃 [M]. 郑州:河南科学技术出版社,2017.

[10] 浙江省拼布协会,裘海索. 拼布技术初级教程 [M]. 杭州:浙江科学技术出版社,2015.

[11] 新星出版社编辑部. 最详尽的拼布教科书 [M]. 赵净净,译. 石家庄:河北科学技术出版社,2015.

[12] 蔡燕燕. 悠享甜美拼布生活 [M]. 郑州:河南科学技术出版社,2015.

[13] 靓丽出版社. 从零开始玩拼布 [M]. 殷婧婷,译. 南昌:红星电子音像出版社,2016.

[14] 琳达·克莱门茨. 拼布圣经 [M]. 王晨曦,王晓裴,毛现桩,译. 郑州:河南科学技术出版社,2014.

[15] 段翠翠. 少女百科全书 [M]. 天津:天津科学技术出版社,2014:223.

[16] 日本主妇与生活社. 时尚简单的居家创意拼布 [M]. 何凝一,译. 北京:中国民族摄影艺术出版社,2013.

# 后记

　　《服饰传统手工艺》一书是作者十余年来从事课程教学经历的沉淀与总结。书中未署名指导老师的图片都是本人所授课程指导的学生作业，由于课程作业跨度有十余年，学生姓名与作业很难对应，故未标明作者姓名，在此一并说明，并表示感谢。书中小部分图片的来源已予以注明，感谢大家的支持！

作者

2020 年 6 月

策划编辑：魏　萌
特约编辑：施　琦
封面设计：卡古鸟设计

## FUSHI CHUANTONG SHOUGONGYI

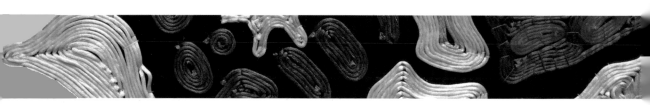

## "十三五"普通高等教育本科部委级规划教材

| | |
|---|---|
| 服饰文化 | 服装缝制工艺·男装篇 |
| 服装基础 | 服装样板技术实训 |
| 服装双语 | 服装纸样放码原理与应用 |
| 服装设计 | 创意女装结构造型 |
| **服装技术** —— | 女上装结构设计：成衣案例分析手册 |
| 服装管理 | 女裤装结构设计：成衣案例分析手册 |
| 服装营销 | 服装纸样与工艺（第2版） |
| 服装表演 | 成衣工艺学（第4版） |
| 形象设计 | 服装纸样设计（第4版） |
| 针织服装 | 服装工业制板（第4版） |
| 服饰配件 | 针织服装结构设计与工艺 |
| 艺术设计 | **服饰传统手工艺** |
| 服装数字化 | 现代实用服装纸样设计与应用·女装篇 |

上架建议　服装·技术

ISBN 978-7-5180-8006-9

9 787518 080069 >

中国纺织出版社有限公司
官方微博

中国纺织出版社有限公司
官方微信

定价：58.00元